Ästhetik des Buches 6

Die Buchform und das Buch als Form

Herausgegeben von Klaus Detjen

Friedrich Forssman

Wie ich Bücher gestalte

Wallstein Verlag

Vierte Auflage 2021
www.wallstein-verlag.de
Gestaltung, Satz: Friedrich Forssman
Textschriften: Graublau Slab und Graublau Sans
von Georg Seifert
Druck: Ph. Reinheimer GmbH, Darmstadt
Bindung: Schaumann, Darmstadt
ISBN 978-3-8353-1591-4

In Erinnerung an Hans Peter Willberg

Eins: **Das Allgemeine**

Konventionen. Kodex und Rolle. Buchtypen. Erwartungen des Lesers. Buch- und Designgeschichte. Ablehnung von »Designtheorie«. Gestaltung ist Handwerk. Allgemeinbildung. Akquise. Das Gegenüber. Setzungen prüfen. Das Format.

Konventionen

Wenn man beginnt, ein Buch zu gestalten, steht schon vieles fest: Alle in Frage kommenden Schriften sehen sehr ähnlich aus; die Textzeilen laufen von links nach rechts und werden von oben nach unten gestapelt; die Seiten haben eine Zählung und werden nach links weitergeblättert; auf den ersten Seiten wird gesagt, wer das Buch verfaßt hat, wie es heißt und wer es verlegt hat; vorne oder hinten im Buch findet sich ein Impressum mit Hinweisen zu Rechten, Druckort und -jahr; die Seiten sind zusammengeheftet oder -geleimt; ein Einband gibt Halt, und auch auf ihm steht, um welches Buch es sich handelt.

Diese Konventionen sind spätestens seit dem Ende des 15. Jahrhunderts unverändert, manche seit der Antike. Einiges könnte auch anders sein – bekanntlich gibt es Weltgegenden, in denen etwa von rechts nach links gelesen und nach rechts geblättert wird –, aber das Grundmodell hat sich bewährt. Der Evolutionsprozeß, der zu unserer üblichen Buchform (dem aus einzelnen Bögen seitlich zusammengehefteten »Kodex«) geführt hat, ist gut nachvollziehbar.

Kodex und Rolle

So kann man in einem Kodex, im Gegensatz zur Buchrolle, schnell hin- und herblättern und Lesezeichen einlegen. In einem Kodex-Band kann bei guter Handlichkeit wesentlich mehr Text untergebracht werden als in einer Rolle. Seine Herstellung, ob von Hand oder industriell, ist einfacher als die der Buchrolle.

Trotz dieser Vorteile hat der Kodex in der Spätantike lange gebraucht, sich durchzusetzen. Die Rolle war unpraktischer, aber ihre Handhabung wurde eben deswegen auch als würdiger gesehen. Daß man nicht rasch darin blättern konnte, unterstrich das Kontemplative des Lesens. Das Praktische und das Ästhetische stellen oft Gegensätze dar; die Form hat nicht nur der vordergründigen Funktion zu folgen.

Buchtypen

Seit der Antike gibt es formale Typisierungen, die dem Leser Hinweise zur Haltung des Autors und zur Einordnung des Textes geben, auch schon für Buchrollen: »Für die Zeilenlänge gab es kein Standardmaß; es läßt sich aber eine gewisse Tendenz feststellen, die Zeilenlänge vom literarischen Genus abhängig zu machen. So sind die Texte von Rednern meist in engen Kolumnen geschrieben [...], philosophische Werke in breiteren und historische Schriften, wissenschaftliche Kommentare usw. in noch breiteren Zeilen.« (Blanck, Antike, S. 76)

Diese Typisierung wird stets weiterentwickelt, ihre Ausformulierung ist nie abgeschlossen, neue Buchsorten und Mischformen kommen immer wieder hinzu. So ist auf den ersten Blick wahrnehmbar, ob es sich um Literatur handelt oder um ein Sachbuch – bei grundsätzlich gleicher Struktur, also etwa »glattem Text« –, ob um Hoch- oder Gebrauchsliteratur, ob um ein geistes- oder naturwissenschaftliches Sachbuch, ob um ein populärwissenschaftliches Werk. Gestalter und Leser sind, mehr oder weniger bewußt, Kenner der Taxonomie des Buches.

Erwartungen des Lesers

Von diesen Konventionen abzuweichen kann reizvoll sein. Die Erwartungen des Lesers ohne sehr guten Grund zu enttäuschen ist aber immer falsch. Nur wer am Annehmen von Überlieferung Freude hat, wird ein glücklicher Buchgestalter werden – gewiß aber werden seine Hervorbringungen glücklichere Leser finden. Leser sind notwendigerweise und mit Recht konservativ, sie wollen das Äußere (auch das Äußere des Inneren) eines Buches intuitiv passend und damit »richtig« finden können. Sie wollen nicht verwirrt werden, sondern jede mögliche Orientierungshilfe geboten bekommen.

Wenn Laien Bücher gestalten, ist das Ergebnis meist konservativ (siehe S. 16). Wenn diese Laien Freude an der Sache und ein gutes visuelles Gedächtnis haben, ist das Ergebnis oft erfreulich. Für professionelle Gestalter doppelt: erstens, weil diese Bücher zeigen, daß die Buch-Typologie auf festen Fundamenten steht (wie wichtig das ist, sieht man an der aktuellen Architektur, die eine Orientierung an Bautypen weitgehend aufgegeben hat zugunsten von rein gebrauchspraktischem bzw. allzu originellem Bauen); zweitens, weil Laiengestaltung bei aller Liebenswürdigkeit meist einige Ungeschicklichkeiten aufweist und so zeigt, daß Buchgestalter ihr Geld wert sind.

Buch- und Designgeschichte

Wer Bücher gestalten möchte, muß sich also in die Buchgeschichte einlesen und -sehen sowie eine Fachbibliothek und eine Beispielsammlung aufbauen. Wie reizvoll ist es zu vergleichen: denselben Buchtypus in verschiedenen Zeiten und Ländern; Satzdetails; sich wandelnde Satzspiegelproportionen.

Auch die Geschichte verwandter Fächer muß zur Kenntnis genommen werden: Schriftgestaltung ohnehin, aber auch Gestaltung aller Arten von Gebrauchsdrucksachen – Werbung, Plakate, Erscheinungsbilder, Prospekte – und Produktdesign. All das wird man nur für die eigene Arbeit nutzbar machen können, wenn man auch auf Kunst-, Kunsthandwerks- und Architekturgeschichte neugierig ist.

Darum ist an den Gestaltungshochschulen der Unterricht in Designgeschichte so wichtig – nicht nur als Geschichte der Extreme (etwa der Neuen Typographie der zwanziger Jahre oder anderer Avantgarden), auch nicht vorrangig als Geschichte der aktuell für relevant gehaltenen Spitzengestalter verschiedener Epochen, sondern in ihrem durchaus kontingenten Verlauf; gerade das Schärfen der Wahrnehmung feinster Alltagsdifferenzen durch die Jahrhunderte ist wichtig. Nur so kann man auch ein Bewußtsein für die Geschichtlichkeit des eigenen Schaffens entwickeln.

Ablehnung von »Designtheorie«

Zur Abschlußarbeit gehört schon lange ein »Theorieteil«, eine zu Recht nicht sonderlich theoriereiche Darlegung der konzeptionellen und gestalterischen Entscheidungen. Daraus – und aus dem Wunsch nach akademischer Bedeutungssteigerung – ist in den letzten Jahren etwas geworden, das wahlweise »Designtheorie«, »-forschung« und »-wissenschaft« genannt wird und für das auf Kosten von Praxisunterricht Stellen geschaffen wurden – Professuren für Fächer ohne definierte Forschungsfelder und ohne Evidenzkriterien, die nicht zu anderen Fächern anschlußfähig sind.

Was Peter Geimer über »künstlerische Forschung« geschrieben hat, gilt auch für »Designforschung«: »Sobald man die Frage nach der künstlerischen Forschung nicht nur inhaltlich stellt, sondern auch nach ihren institutionellen Nebenwirkungen fragt, betritt man ein Terrain, auf dem gegenwärtig entscheidende Weichenstellungen vorgenommen werden. Wer als Geisteswissenschaftler einmal zur Betreuung einer künstlerischen Doktorarbeit eingeladen war, kennt vermutlich das Problem: den künstlerischen Part kann man als Wissenschaftler nicht kompetent beurteilen, weil einem Erfahrung und Sichtweise der Künstler fehlen; der Textteil hingegen entspricht in der Regel nicht den Arbeitsformen der eigenen Disziplin. Statt also ein ungeahntes Drittes aus Wissenschaft und Kunst zu amalgamieren, entsteht ein hybrides Produkt, das künstlerisch zu unentschieden ist und wissenschaftlich nicht bewertet werden kann.« (Geimer, Recherche-Getue)

Gestaltung ist Handwerk

Systematisches Vorgehen, klares Argumentieren (in Kenntnis der Möglichkeiten und Grenzen), Wahl der Mittel, Komplexitätsreduktion – das war schon immer die Vorgehensweise guter Gestalter, das hat gute Lehre schon immer vermittelt, und ich kenne keine dabei hilfreichen Theorien, die als von der Praxis losgelöstes, strukturelles Wissen vermittelbar wären. Alles halbwegs Theoretische muß in unserem Fach durch die Praxis seiner Vermittler gedeckt sein, um Gültigkeit zu haben. Das Umgekehrte gilt keineswegs.

Gestaltung ist nicht Kunst, nicht Wissenschaft, sondern Handwerk. Sie ist Kunsthandwerk – das Wort ist zum Schimpfwort geworden, aber auch zunehmend das Wort »Design«, es steht für »das Hinguckerhafte, dieses lärmende Hallo-ich-bin-Design-Rumgetröte« (Matzig, Würfelhusten).

Allgemeinbildung

Diese Einwände beziehen sich nur auf die Pseudofächer des »Designtheorie«-Umfeldes. Wie wichtig Designgeschichte ist, habe ich schon erwähnt. Aber auch Theoretiker und Praktiker aller möglichen anderen Fächer und Tätigkeiten können als Vermittler von Allgemeinbildung und überhaupt als Anreger für die Studenten überaus wertvoll sein. Wenn sie eine wissenschaftliche Ausbildung haben, brauchen sie eine gewisse Frustrationstoleranz; intellektuelle und gestalterische Begabung treten nicht häufiger gleichzeitig auf als andere Mehrfachbegabungen, und so werden Wissenschaftler an Gestaltungshochschulen auf hervorragende Studenten treffen, die keine wissenschaftliche Begabung aufweisen, aber zu ganz ausgezeichneten Praktikern werden können, was man ihnen keinesfalls verstellen darf. Eine breite Allgemeinbildung ist für Buchgestalter hilfreich. Dabei weiß man als Gestalter nie zuviel, aber doch bald genug. Man sollte nur codieren, was vom Benutzer – hier: dem Leser – mühelos decodiert werden kann. Es mag sein, daß Gestalter sich auf ein Spezialgebiet beschränken möchten, die meisten werden mit einer sehr großen Zahl von Themen in Berührung kommen. Nicht zuletzt hilft es bei der Akquise, wenn man sich für Inhalte aller Arten tatsächlich interessiert.

Akquise

Die Buchbranche ist eine recht heile Welt, so jedenfalls habe ich sie meist erlebt. Wer hier mitmacht, tut das aus Liebe zum Buch, schwerlich aus Geldgier oder Geltungsdrang (und wenn doch, geht das gerne schief). Das macht auch die Akquise angenehm: Gestalter und Auftraggeber sind sich über das Grundsätzliche – daß Bücher ganz wunderbare Dinge sind, von denen es nie genug geben kann – meist ebenso einig wie darüber, sich die Leser so zu denken, wie man selbst ist, und nicht in erster Linie als »Zielgruppe«, auf die man womöglich hinabblickt. – Ich sehe förmlich, wie der eine oder andere bei der Lektüre dieser Zeilen skeptisch schaut. Aber ist nicht das Idyll im Buch selbst schon angelegt? Es ist einerseits ein so simpler Gegenstand, zunächst ganz geheimnislos; jedes Kind, das anfängt zu lesen, bastelt auch Bücher. Und andererseits ist das Wunder des Lesens immer wieder gepriesen worden, und mit ihm die so begrenzten und darum desto reizvolleren Erscheinungsformen von Buchgestaltung.

Auch 25 Jahre nach dem Studium, das ich mit 25 Jahren beendet habe, ist die Zahl der Projekte, die ich (mit)erfinde oder akquiriere, so groß wie die derjenigen, die mir angetragen werden. Wo werbe ich um neue Projekte? Oft auf den Buchmessen, mal durch direkte Ansprache mit einem konkreten Projekt (so habe ich 1988 Bernd Rauschenbach am Stand der Arno Schmidt Stiftung meine Studienarbeit zum Satz des Spätwerks Arno Schmidts gezeigt und bald danach den Auftrag zur Durchführung bekommen), mal durch Beharrlichkeit (wie bei der »Universal-Bibliothek« des Reclam Verlags, siehe die Seiten 54–57). Wenn ich einen Auftrag bekommen möchte, ist zwar noch lange nicht gesagt, daß ich ihn auch bekommen werde – das wird aber nie daran scheitern, daß der Auftraggeber Zweifel an meinem Interesse hat.

Wer als Auftraggeber einen Wettbewerb veranstaltet, muß bedenken, daß das teurer ist als die Wahl eines einzigen Gestalters (oder Büros). An un- oder unterbezahlten Wettbewerben nehme ich so wenig teil wie die meisten meiner Kollegen. Außerdem muß der Dialog zwischen Auftraggeber und Gestalter zu Beginn der Arbeiten entweder mehrfach geführt oder nach der Auftragsvergabe gründlich nachgeholt werden.

Das Gegenüber

Wichtig ist ein klares Verhältnis zwischen Gestalter und Auftraggeber. Jeder Gestalter kennt die Situation: Wenn man es nicht mit einem entscheidungsfähigen Gegenüber zu tun hat, sondern Entscheidungen in undurchschaubaren Strukturen getroffen und womöglich von wechselnden Repräsentaten der Auftraggeberseite übermittelt werden, ist es schwer – oft unmöglich –, auf der Höhe seiner Möglichkeiten zu arbeiten. Nun gibt es immer eine natürliche Projekthierarchie. Der Inhalt ist bei einem Buch das wichtigste – und damit stehen seine Vertreter in der Entscheidungskette oben. Meist habe ich als Gestalter nicht mit dem Autor zu tun, sondern mit dem Verleger, dem Herausgeber, dem Lektorat oder der Redaktion. Sie alle kennen das Buch viel genauer als ich, sie muß ich von meinen Vorstellungen überzeugen. Wenn aber ein Gestaltungskonflikt ausargumentiert ist und wir einen Punkt erreicht haben, an dem es um das Finden und Meinen geht – und natürlich gibt es diese Situation oft –, dann muß ich auf dem letzten Wort bestehen. Wer dem Gestalter nicht vertrauen kann, ist kein guter Auftraggeber; wer als Gestalter wider besseres Wissen klein beigibt, ist kein guter Gestalter.

Setzungen prüfen

Auch im Idealfall – wenn Auftraggeber und Gestalter gleichermaßen erfahren sind und einander vertrauen, wenn der Auftrag gut beschrieben ist und es eine funktionierende Projekthierarchie gibt – ist es wichtig, zu Beginn alle Setzungen zu prüfen: Ist »Buch« überhaupt das richtige Medium (oder möchte das Projekt eine Website werden, oder eine Ausstellung)? Ist der vorgegebene Buchtyp der richtige (möchte der Text eher als Essay mit literarischem Anspruch inszeniert werden denn als Sachbuch)? Braucht das Buch einen Schutzumschlag (oder wäre womöglich ein aufwendigerer Einband besser)? Gibt die vorgegebene Struktur eine gute Orientierung (oder ist etwa ein Übersichts-Inhaltsverzeichnis vorne sowie ein ausführliches hinten im Buch eine Lösung; braucht der Roman ein Inhaltsverzeichnis, oder erfindet man womöglich ein nicht notwendiges Inhaltsverzeichnis, um ein wichtiges Gestaltungselement zu gewinnen, siehe Seite 25)?

Diese Fragen zu stellen ist eine der Hauptaufgaben des Buchgestalters. Nie habe ich erlebt, daß das Lektorat, die Redaktion oder die Verlagsleitung solcherlei Fragen und Anregungen als Einmischung aufgefaßt hätten, zumal ich mir auch hineinreden lasse, wenn es gute Argumente gibt. Buchgestalter, die sich für Inhalte nur mäßig interessieren, sind dabei in einer schwachen Verhandlungsposition.

Das Format

Gelegentlich bestimmt die Typographie das Format, etwa beim Satz des Spätwerks Arno Schmidts, meist ist es umgekehrt. Natürlich ist auch für das Format der Buchtyp wichtig, und auch hier ist das Ungewöhnliche zu vermeiden (oder sehr gut zu begründen). Es gibt mindestens ein Format, das nach einem Buchtyp benannt ist: das »Lexikonformat« 17 × 24 cm.

Wenn ich mit der Arbeit an einem Buchprojekt beginne und das Format nicht feststeht, suche ich Bücher des entsprechenden Typs heraus und wäge die Vor- und Nachteile der verschiedenen Größen und Proportionen ab. Wenn der Umfang gering ist, wähle ich ein kleines Format, damit das Buch einen ordentlichen Rücken bekommt. Grundsätzlich freue ich mich über kleine, bescheidene Bücher: Laden sie nicht viel mehr zum Lesen ein als Prachtbände? Der einzige Grund, ein großes Buch zu machen, sind inhaltliche Notwendigkeiten: Fotos, die nur dann ihre Wirkung entfalten können; Faksimiles, die in Originalgröße gedruckt werden müssen; sehr viel Text, der womöglich zweispaltig angeordnet werden muß, damit das Buch nicht wiederum unmäßig dick wird.

Büchergilde Gutenberg

Die Bände der Büchergilde Gutenberg (ab 1924) haben eine Buchblockgröße von 165 × 235 mm: allemal genug für einen kräftigen Auftritt mit großzügigen Einbandgestaltungen wie auch für gelegentliche Illustrationen und Photographien im

Inneren; dabei noch klein genug für bequemes Lesen. Das »stumpfe« Format kam den starken Richtungen der Zeit entgegen und paßte zu erdig-kräftigen Frakturgestaltungen (wie »He, Kosaken!« von Johann Komáromi, »Ivalu« von Peter Freuchen, beides anonyme Entwürfe der Buchdruckwerkstätte GmbH, Berlin), zu solchen der Neuen Typographie (wie Jan Tschicholds »Das Fahrten- und Abenteuerbuch« von Colin Ross, damals und heute eine expressive Sensation, oder Georg Trumps »Der Streit um den Sergeanten Grischa« von Arnold Zweig mit perfekt austariertem breitem Satzspiegel bei sehr großem Kopf- und Fußsteg und einer präzisen Durchgestaltung, siehe Abbildung auf S. 51) und allen möglichen anderen Buchgestaltungen dieser immer wieder anregenden Reihe.

Weidle Verlag

Der Weidle Verlag verwendet seit über 20 Jahren das Format 130 × 205 mm, für Broschuren und für Festeinbände. Diese Proportion ist weder stumpf noch schlank, weder groß noch klein – ein Mehrzweckformat, das Stefan Weidle und ich gewählt haben, weil wir bei gleichbleibender Buchgröße die beiden Schwerpunkte »Literatur vom Anfang des 20. Jahrhunderts bis zur Exilzeit« und »Zeitgenössische Literatur« auf typographisch ganz verschiedene Weisen einkleiden wollen. Im Falle der ersten Gruppe haben wir oft, aber nicht zwanghaft die Typographie der Entstehungszeiten zitiert (etwa Spätklassizismus, Werkbund, Konstruktivismus), bei neuer Literatur sind öfters Unter-Reihen entstanden – etwa eine Roman-Tetralogie von Pétur Gunnarsson.

Kleine russische Bibliothek

Die Kleine russische Bibliothek, 1961 bis 1971, hat ein Format von 105 × 177 mm und ist damit recht schlank. Die Gesamtgestaltung lag in den Händen Richard von Sichowskys, eines nicht genug gewürdigten Meistertypographen der neuklassischen Nachkriegs-Buchgestaltung (deren bekanntester Vertreter der späte Jan Tschichold war). Auf diesen Seitenverhältnissen ließ sich ein elegant-schmaler Satzspiegel mit traditionellen Proportionen perfekt verwirklichen.

Reclams Universal-Bibliothek

Reclams Universal-Bibliothek ist das bekannteste und beste Beispiel für eine Reihe, die so klein und handlich ist wie bei guter Lesbarkeit nur möglich. Seit 1867 ist das Format von 96 × 148 mm fast unverändert geblieben (in der Nachkriegszeit war es mal etwas höher und schlanker, vielleicht in Anlehnung an die erwähnte neuklassische Richtung). Die Höhe entspricht DIN A6, die Breite ist geringer. Dennoch wirken die Bände nicht schlank, sondern neutral bis stumpf. Hans Peter Willberg sagte einmal, daß er die DIN-Seitenproportionen im Falle von A4 sehr angenehm finde, bei kleineren Formaten – A5, A6 – hingegen überstumpf und plump. Ich fand diese Feststellung immer wieder bestätigt – ein gutes Beispiel dafür, daß Proportionen von den absoluten Größen abhängen.

von groß zu klein: Büchergilde Gutenberg, Weidle Verlag, Kleine russische Bibliothek, Universal-Bibliothek. 50 %

Zwei: **Das Besondere**

Gefühl für das Ganze. Laiengestaltung. Anti-kulturpessimistischer Exkurs. Freiheitsgrade und Notwendigkeiten. Anonymität versus »Gestalter als Autor«. Inhaltsbezogene Gestaltung. Historische Zitate und Heutigkeit. Weitere Arten von Anknüpfungen.

Ich habe mir also bewußt gemacht, wie wichtig das Umfeld ist, auch das historische, und wie wichtig die Buch-Typologien sind, damit ich Willkür vermeiden und die Leser-Erwartungen erfüllen kann. Ich habe ein Projekt akquiriert und meine Position als Gestalter geklärt. Die Setzungen habe ich freundlich-kritisch betrachtet, dabei auch festgestellt, ob das Format schon feststeht und, wenn ja, was es mit sich bringt.

Gefühl für das Ganze

Während dieser Vorgänge, spätestens aber im nächsten Schritt mache ich mir, zunächst alleine oder von Anfang an gemeinsam mit dem Auftraggeber, ein Bild von der Wirkung des Buches, von seinem Auftritt: Wie soll der gesetzt werden zwischen den Polen »prächtig – bescheiden«, »historisch – aktuell«, »groß – klein«, »aktivierend – still«? Und, wenn das entschieden ist, mit welchen Mitteln werden diese Positionierungen vorgenommen?

Laiengestaltung

Damit hat das reizvolle Spiel mit Freiheitsgraden und Notwendigkeiten begonnen. Ungeübte neigen oft zu einem der beiden Extreme: Meist kommen ihre Bücher sehr konservativ daher, in einer Standardschrift gesetzt (etwa einer Garamond oder Times); mit statischen, spannungslosen Satzspiegeln; Überschriften stehen auf Mitte; Zitattexte (die oft zu klein sind) sind auf beiden Seiten eingerückt; Fußnoten sind mit Erstzeileneinrückung gesetzt; womöglich stehen Linien in unklarer Proportion zwischen dem obenstehenden Kolumnentitel und der Satzspalte – und was der unreflektierten Konventionen mehr ist, die den ebenfalls von gestalterischen Laien programmierten Vorgaben von Microsoft Word (dem Werkzeug des Satans) entsprechen.

Seltener, aber dann desto unangenehmer bricht Laiengestaltung mit diesen Schemata, was zu Störungen führt wie übergroßen Einzügen, drastischen Sprüngen bei Schriftgrößen (von Überschriften zur Grundschrift, von dieser zu den Fußnoten), heiklen Schriftmischungen (Futura zur Times, Helvetica zur Garamond) und weiteren Überraschungen aller Arten.

Anti-kulturpessimistischer Exkurs

Aber ich freue mich sehr darüber, daß die Produktionsmittel der Typographie heute allgemein und für kleines Geld zur Verfügung stehen. Bis Mitte der neunziger Jahre mußte ich auf einer sehr teuren und keineswegs intuitiv bedienbaren Setzmaschine arbeiten, Schriften kosteten damals etwa 1000 Mark – pro Schnitt! –, und sie konnten nur auf den Geräten der jeweiligen Firma verwendet werden. Der übliche Weg, wenn man einen Auftrag von einem Verlag bekommen hatte, war, ihn zu fragen, mit welcher Setzerei er arbeitete, und dann wiederum diese zu fragen, welche Schriften vorhanden seien. Das waren immer zu wenige und oft die falschen, gern allesamt ohne Ligaturen (wie bei den ansonsten so schönen Berthold-Schriften) – von Mediävalziffern, kursiven Kapitälchen und sonstigen Extras ganz zu schweigen. Originalantwort einer Setzerei auf die Frage, welche Schriften sie habe: »Wir haben alles: Wir haben die Times *und* die Garamond!« Entsprechend gering war das allgemeine Interesse an Typographie. Dieses ist in den letzten zehn Jahren in einem Maße angewachsen, von dem wir damals nicht zu träumen wagten. Heute produziert jeder, der am Rechner arbeitet, täglich Typographie, viele bemerken so den Zusammenhang zwischen Typographie und Sprache; täglich kommen neue Schriften heraus, darunter viele sehr schöne und breit ausgebaute denn auch Schriftproduktion ist, aus früherer Perspektive, unfaßbar leicht geworden: Vor hundert Jahren brauchte ein Schrifthersteller eine Fabrik mit Bahnanschluß, vor dreißig Jahren ein großes Studio mit Dunkelkammer und Labor, heute nur einen Rechner. Ein neues Goldenes Zeitalter ist angebrochen.

Freiheitsgrade und Notwendigkeiten

Die allgemeinen Notwendigkeiten habe ich im vorigen Kapitel angesprochen. Der nächste Schritt besteht in der Feststellung der speziellen Notwendigkeiten aller Arten und damit in der weiteren sachdienlichen Einschränkung der Freiheiten (oder eben: Willkür), sodann im Herausfinden, wie weit die resultierenden Freiheiten gehen und in welchem Maße es gut und richtig ist, sie auszunutzen.

Anonymität versus »Gestalter als Autor«

Buchgestaltung ist ein Gebiet, auf dem der Gestalter seine Persönlichkeit aus dem Spiel zu lassen hat. Anzustreben ist das Inhaltsbezogene, Erwartbare, Generische. Wo ein Buch ungewöhnlich aussieht, muß das durch seinen Inhalt notwendig, mindestens aber bestens begründbar sein. »Gestalter als Autor«?: nein, Gestalter sollten sich nicht den Lieferanten von Inhalten aller Art gleichrangig fühlen und dabei ihre Möglichkeiten und ihre Bedeutung überschätzen. Gestaltung ist immer auch Interpretation, das ist richtig. Aber dieser Art Interpretation sind enge Rahmen gesetzt: durch die Überlieferung und durch das typographische System selbst, das keine situative, stellenindividuelle Reaktion des Gestalters auf den Text erlaubt. Zum Glück, denn diese Form der Reaktion auf den Text ist dem Leser vorbehalten. Sie ist ein fragiler Vorgang, den der Typograph unterstützen muß; er darf sich keinesfalls dazwischendrängen.

Was sich kaum vermeiden läßt, ist die Anwendung persönlicher Vorlieben – ich habe welche, die seit der Kindheit stabil geblieben sind, und habe gelernt, sie nicht zu bekämpfen, sondern zu nutzen –, aus denen sich über die Jahre hinweg eine Art Handschrift entwickeln mag. Alle guten Gestalter haben darüber hinaus etwas, das man »Haltung« nennen muß (und dessen Zerrbild die Pose ist); sie prägt auf geheimnisvolle Weise alle Arbeiten.

Wie kommt man ihr – bei sich und anderen – auf die Schliche? Arnulf Herrmann, Komponist und Professor für Komposition, hat mir einmal von seinem Gehörbildungs- und Analyseunterricht berichtet. Auf unser Fach übertragen würde ein solcher Unterricht etwa folgende Fragen behandeln: Woran lassen sich Merkmale wie »Proportionen«, »Angemessenheit«, »Sicherheit« oder eben »Handschrift« festmachen und nachweisen – konkret, in vorliegenden Arbeiten?
Ist möglicherweise Konsens der Könner und Kenner das gestalterische Haupt-Evidenzkriterium? Können wir so den Mysterien »Haltung« und »Qualität« näherkommen?

Wenn ein Buchprojekt irgendeine Art von Neuerung aufweist, freut es mich, als Gestalter darauf zu reagieren. Das Experiment um seiner selbst willen interessiert mich dabei nicht. Zur Tarnung von Inhaltsleere habe ich es freilich schon ein-, zweimal einsetzen müssen (verrate aber nicht, in welchen Projekten).

Inhaltsbezogene Gestaltung

Buchgestaltung ist Interpretation, und zwar schon immer. Bereits die Zuordnung zum üblichen Erscheinungsbild einer Textsorte – sei es die Kolumnenbreite der antiken Buchrolle, sei es die Wahl eines aktuellen Buchtyps – ist eine nicht völlig schematische und damit interpretative Reaktion auf den Inhalt.

Aber auch bei der Gestaltung eines einzelnen Buches behaupte ich, auf seinen speziellen Inhalt zu reagieren, ihn also zu interpretieren. Was genau geschieht da eigentlich? Wie kann eine nachvollziehbare Zuordnung gestalterischer Entscheidungen zu Buch-Inhalten aussehen?

Historische Zitate und Heutigkeit

Eine Vorgehensweise ist, die Gestaltung der Entstehungszeit des Textes zu zitieren. Das scheint uns ganz naheliegend, in Historienfilmen sehen wir ja auch nachgeahmte römische Togen, frühneuzeitliche Rüstungen und napoleonische Uniformen. Aber in Gemälden noch des 18. Jahrhunderts werden homerische Feldherren, römische Kaiser und biblische Figuren ungescheut in zeitgenössische Gewänder gehüllt.

Lady Willoughby's Diary

Das früheste mir bekannte Beispiel präzisen Zitierens historischer Typographie stammt aus dem London des Jahres 1846, als das Nachbauen gotischer Gemäuer auf den Inseln und dem Kontinent schon seit Jahrzehnten in Mode war: »So much of the *DIARY* of Lady Willoughby as relates to her *Domeſtic Hiſtory,* & to the Eventful Period of the Reign of CHARLES the Firſt.« Eine mimetische Glanzleistung, das frühe 17. Jahrhundert zitierend: Einband mit blindgeprägten Verzierungen, pergamentartigem Schildchen und ornamentgeprägtem Rundum-Goldschnitt; marmorierte Vorsatzpapiere; Kolumnen in Linien gefaßt, Marginalien und lebender Kolumnentitel ebenfalls mit Linien abgetrennt; Satz mit langem ſ und Zierligaturen, Kustoden (am Fuß der Kolumnen steht rechts das erste Wort der Folgeseite), barocke Zierstücke und Initialen runden das Bild. Die Nachahmungsmöglichkeiten (oder auch -wünsche) waren dabei nicht grenzenlos: Das Papier ist nicht gerippt (sondern ein »Velinpapier«), die Schrift ist eine »Old Face«, die auf die ohnehin historisch etwas zu neuen Schriften William Caslons zurückgeht (in damaligen britischen Setzereien gab es an Buchsatzschriften fast nur »Old Faces« sowie »Moderns«, also (spät-)klassizistische Schriften).

50 %

134 *From the Diary of*

1642. the *Royaliſts* had retired, and were ſtationed quietly on the weſtern ſide of *Brentford.* The *Parliament* is in great Indignation, and have voted they will never treat with the *King* againe.

Eſſex at the head of more than 20,000 Men, it is ſayd, was urged by *Hampden*, *Hollis*, and others to purſue the *King*, who had retreated: but for what reaſon was not known, he remained ſtill. Cart-loads of Proviſions, Wine, and Ale, &c. were ſent out of *London* to the Army.

Some ſay Sir *Thomas Fairfax* has beene defeated by the Earle of *New-caſtle.*

Newes

Lady Willoughby. 135

1643. 1643.

Ewes from *London:* the *Parliament* have enter'd into a Negotiation with the *King*, to forme a Treaty of Peace, in order whereunto Commiſſioners have beene appointed, and are now at *Oxford*, where it is ſayd the *King* treats them with Civility. He re-fuſes to have the Lord *Say* and *Sele* one of the Commiſſioners, becauſe he had proclaim'd him a Traitour: and another was choſen in his place. Abroad there ſeemeth only Gloom & Apprehenſion: let mee hope that within our Home there is a brighter Proſpect: Children well, and mend-ing

March 29, *Monday.*

100 %

134 *From the Diary of*

1642. the *Royaliſts* had retired, and were ſtationed quietly on the weſtern ſide of *Brentford.* The *Parliament* is in great Indignation, and have voted they will never treat with the *King* againe.

Beim Spiel mit historischen Anklängen geht es aber ohnehin nicht um perfekte Imitation der Vorbilder der zitierten Zeit. Eine vollkommene Nachbildung ist nicht möglich, und sie ist nicht wünschbar.

Sie ist nicht möglich, weil eine solche Nachbildung Merkmale wie technische Präzisionsschwankungen berücksichtigen müßte: das Maß der Könnenschaft des Vorlagendruck-Setzers; die Gußqualität der Schrift; den Abdruck von gegenüberliegenden Seiten, wenn das Buch mit noch feuchter Druckfarbe gebunden wurde; die Präzision des Registers, also des Übereinanderdrucks von Vorder- und Rückseite; nicht nur grobe Papierrichtungen wie »gerippt / Velin«, sondern auch Opazität, Wasserzeichen und Einschlüsse; schließlich Herstellungsdinge wie Heftfäden oder (womöglich rostige) Klammern, Bünde, Leim und Einbandmaterialien. Das gilt nicht nur beim Nachahmen von sehr alten Vorbildern – auch die Produktionsbedingungen und Ergebnisse etwa von Lichtsatz und Offsetdruck der siebziger Jahre entsprechen nicht den heutigen.

Eine vollkommene Nachbildung ist aber auch nicht wünschbar, denn es geht nicht um eine Art Täuschung und Fälschung, sondern um das Verhältnis der zitierten Merkmale zur jeweils aktuellen Buchgestaltung. Das Vergnügen des Gestalters besteht bei diesem ernsten Spiel darin, dem Buch (und dem Leser) das richtige Maß von Zeitkolorit zu geben – wir transportieren den historischen Text in unsere Zeit.

Damon und Lisille

Ein wahres Musterbeispiel eines Buches, dessen Gestaltung sich immer noch sehr auf die Entstehungszeit des Textes bezieht, aber ganz und gar bewußt vorgeht in der Auswahl der zitierten Merkmale (was der Lady Willoughby nicht ohne weiteres zu unterstellen ist): »Johann Thomas: Damon und Lisille. 1663 und 1665«, Maximilian-Gesellschaft, Hamburg 1966, gestaltet von Richard von Sichowsky. Ein ganz herrliches Buch, antiquarisch (noch) für ein paar Euro zu bekommen. Wie die oben erwähnte »Kleine russische Reihe« hat dieses Buch das schlanke Format der neuklassischen Buchgestaltung; der Haupttitel zeigt einen eigentlich unbarock-fein austarierten, vignettenartigen Autor-und-Titel-Dreizeiler; das

Buch ist – wiederum eher unbarock – vorzüglich gleichmäßig gesetzt in der Monotype-Dürer-Fraktur; Hochdruck (in den Sechzigern noch durchaus üblich), geripptes Papier, Pappband mit Marmorpapierüberzug; nicht auf dem Deckel, sondern nur auf dem Buchrücken ein aufgeklebtes Titelschild, dessen Sternchen und Linien die einzigen Buchschmuck-Elemente sind. Insgesamt eine modern-reduzierte Interpretation der Buchgestaltung des Barock, die sich vor dem Alten verneigt, statt es nur zu benutzen, und dabei nicht im mindesten nostalgisch ist.

Walter Benjamin: Werke und Nachlaß

Bei der historisch-kritischen Ausgabe »Walter Benjamin: Werke und Nachlaß« (herausgegeben von Christoph Gödde und Henri Lonitz, Suhrkamp Verlag, erster Band 2008) habe ich mich

Johann Thomas
Damon und Lisille
1663 und 1665

Maximilian-Gesellschaft
Hamburg 1966

Gespenst. Es fehlte nicht viel / daß sie nicht überlaut schrie / vnd jener / dem der Wein noch vor den Augen mancherley Nebel vnd Blendungen machte / mit seinem Kolben gar darein schluge. Zu allem Glück kehrt sich noch die Vranie vmb / vnd / je Meliboe / ruffte sie / was wolt jhr machen? schämt euch doch! hier ist die Lisille. Darmit begonte eines das andere zu kennen / vnd endete sich dieser Auffzug mit einem guten Gelächter. Vranie hatte nicht weniger Mühe jhren vollen Schäffer wider zu Bett zu bringen / als der Damon sich der Lisillen Gegenlieb zuversichern / die dann / ob sie wohl zu einer außtrücklichen Erklärung noch nicht zu vermögen / jhm dennoch damahls so viel zu ließ / daß er sie nach seines Hertzens Lust vmbarmen vnd küssen mocht.

Drittes Buch

Damon / der zwischen Furcht vnd Hoffnung nicht länger also schweben wolte / entschlosse sich kürtzlich der Sach ein Ende zumachen / vnd weil er jhm einbildete / die Lisille hielte vielleicht darumb noch zuruck / daß sie jhrem Vatter nicht vorgreiffen wolt / ließ er den Benno durch den Aristobulum vnd den Melibœ vmb die Tochter ansprechen. Benno konte anders nicht thun / als die Werbung zubedencken / vnd mit seiner Tochter zu bereden nehmen. Vor seine Person ließ er jhm den Damon zum Eydam wohl gefallen. Als es aber an die Lisille kam / was meint jhr wohl / daß sie dem Vatter zur Antwort gegeben? Sie die nicht läugnen konte / daß sie dem Damon von Hertzen hold were / ja daß sie niemanden als jhm jhre Liebe geben könte / die fing nun an jhr zu Ge-

17

50 %

gestalterisch auf die »Neue Typographie« bezogen, obwohl nur ein Vorlagendruck, die Erstausgabe der »Einbahnstraße«, in diesem Stil vorliegt. Aber erstens ist das ein besonderer, sehr bekannter Druck, über den Benjamin am 18. November 1927 an Gershom Scholem schrieb: »Gestern habe ich den Deckel zur ›Einbahnstraße‹ und den ersten Bogen vom Umbruch gesehen. Der Umschlag ist einer der wirkungsvollsten, die es je gab. [Sasha] Stone hat ihn gemacht. Das Buch wird technisch vorzüglich ausfallen.« Zweitens ist auch die Innengestaltung dieser ersten »Einbahnstraße«-Ausgabe mit ihren fetten Grotesk-Versalüberschriften so expressiv, daß sie ohnehin zitiert werden mußte; das gestalterische Prinzip ist die »gemäßigte Mimesis« (s. Forssman, Rahn: Gemäßigte Mimesis). Drittens gibt die spielerische Buchgestaltung des Funktionalismus mit ihrer Freude an Varianten und Erweiterungen von Grenzen

er das Wetter auf der Oberwelt vergessen. So schnell wird wiederum sie selber ihn vergessen. Denn wer kann mehr von seinem Dasein sagen, als daß er zwei, drei andern durch ihr Leben so zärtlich und so nah wie das Wetter gezogen ist.

Immer wieder, bei Shakespeare, bei Calderon füllen Kämpfe den letzten Akt und Könige, Prinzen, Knappen und Gefolge ‚treten fliehend auf'. Der Augenblick, da sie Zuschauern sichtbar werden, läßt sie einhalten. Der Flucht der dramatischen Personen gebietet die Szene halt. Ihr Eintritt in den Blickraum Unbeteiligter und wahrhaft Überlegener läßt die Preisgegebenen aufatmen und umfängt sie mit neuer Luft. Daher hat die Bühnenerscheinung der ‚fliehend' Auftretenden ihre verborgene Bedeutung. In das Lesen dieser Formel spielt die Erwartung von einem Orte, einem Licht oder Rampenlicht herein, in welchem auch unsere Flucht durch das Leben vor betrachtenden Fremdlingen geborgen wäre.

WETTANNAHME

Das bürgerliche Dasein ist das Regime der Privatangelegenheiten. Je wichtiger und folgenreicher eine Verhaltungsart ist, desto mehr enthebt es sie der Kontrolle. Politisches Bekenntnis, Finanzlage, Religion – das alles will sich verkriechen, und die Familie ist der morsche, finstere Bau, in dessen Verschlägen und Winkeln die schäbigsten Instinkte sich festgesetzt haben. Das Philisterium proklamiert restlose Privatisierung des Liebeslebens. So ist ihm Werbung zu einem stummen, verbissenen Vorgang unter vier Augen geworden, und diese durch und durch private, aller Verantwortung entbundene Werbung ist das eigentlich Neue am „Flirt". Dagegen sind der proletarische und der feudale Typ sich darin gleich, daß in der Werbung sie viel weniger die Frau als ihre Konkurrenten überwinden. Das aber heißt die Frau viel tiefer respektieren als

in ihrer ‚Freiheit', heißt ihr zu Willen sein, ohne sie zu befragen. Feudal und proletarisch ist die Verlegung der erotischen Akzente ins Öffentliche. Mit einer Frau bei der und der Gelegenheit sich zeigen, kann mehr bedeuten, als mit ihr zu schlafen. So liegt auch bei der Ehe der Wert nicht in der unfruchtbaren ‚Harmonie' der Gatten: als exzentrische Auswirkung ihrer Kämpfe und Konkurrenzen tritt, wie das Kind, so auch die geistige Gewalt der Ehe zutage.

STEHBIERHALLE

Matrosen kommen selten an Land; der Dienst auf hoher See ist Sonntagurlaub verglichen mit der Arbeit in Häfen, wo oft bei Tag und Nacht muß ein- und ausgeladen werden. Wenn dann der Landurlaub für einen Trupp auf ein paar Stunden kommt, ist es schon dunkel. Im besten Falle steht die Kathedrale als finsteres Massiv am Weg zur Wirtschaft. Das Bierhaus ist der Schlüssel jeder Stadt; zu wissen, wo es deutsches Bier zu trinken gibt, Länder- und Völkerkunde genug. Die deutsche Seemannskneipe rollt den nächtlichen Stadtplan auf: von dort bis zum Bordell, bis in die anderen Kneipen durchzufinden ist nicht schwer. Ihr Name kreuzt seit Tagen in den Tischgesprächen. Denn wenn man einen Hafen verlassen hat, hißt einer nach dem anderen wie kleine Wimpel Spitznamen von Lokalen und von Tanzböden, von schönen Weibern und von Nationalgerichten aus dem nächsten. Aber wer weiß, ob man diesmal an Land kommt. Drum sind schon, wenn das Schiff kaum eben deklariert und angelaufen hat, Händler mit Andenken an Bord gekommen: Ketten und Ansichtskarten, Ölbilder, Messer und Marmorfigürchen. Die Stadt wird nicht besichtigt sondern eingekauft. Im Koffer des Matrosen liegt der Ledergurt aus Hongkong neben dem Panorama von Palermo und einem Mädchenphoto aus Stettin. Genau so ist ihr wirkliches Zuhause. Sie wissen nichts von einer Nebelferne, in der dem Bürger fremde Welten liegen. Was sich in jeder Stadt am ersten durch-

40 %

einen stabilen Rahmen für die zahlreichen verschiedenen Strukturen, die in dieser Ausgabe zu ihrem Recht kommen müssen: Drucke von Büchern und Zeitungsartikeln, Typoskripte, Handschriften, skizzenhafte Notizen – vom editorischen Apparat ganz zu schweigen. Und schließlich gibt es Parallelen zwischen damals und heute hinsichtlich der Wahrnehmung aktueller Gestaltung (übrigens eher wieder als immer noch), sodaß der gestalterische Zeitbezug nicht aufdringlich oder museal wirkt.

Weitere Arten von Anknüpfungen

Außer den verschiedenen Arten historischer Bezüge gibt es zahlreiche weitere Methoden, mit der Gestaltung auf die Gegebenheiten einzugehen: Assoziationen aller Art; Aufnehmen von formalen Details; Zeilenfall-Zufälle; eine Schrift wählen und ihr folgen; das Erfinden eines für die Aufgabe spezifischen Buchtyps; mit einem Bild beginnen. Diese Beispiele sollen hier genügen. Auch Kombinationen sind häufig, oder man kommt vom einen aufs andere: So kann etwa ein Zeilenfall-Zufall eine gewisse historische Anknüpfung besonders naheliegend erscheinen lassen.

Es ist übrigens noch nicht lange her (aus der Perspektive eines 50jährigen jedenfalls), daß alle derartigen buchgestalterischen Reaktionsformen von den Anhängern dogmatischer Schulen (siehe Seite 69), beispielsweise der wirkmächtigen Hochschule für Gestaltung Ulm, als »pseudo-illustrativ« abgelehnt wurden. Nun waren Dogmen immer hilfreich: Für Großkönner bieten sie (selbst mitaufgetürmte) Berge, von denen sie Gesetzestafeln (»Rams' zehn Gebote«) zum Volke herabtragen können, für gute Gestalter zweiten Ranges (und ihre Auftraggeber) stellen sie brauchbare Baukästen und einen sicheren Rahmen zur Verfügung. Dissidenten können sich von ihnen emanzipieren und mit dem Feuer der vom Glauben Abgefallenen agieren.

Als Schüler eines Nicht-Dogmatikers habe ich gelernt, daß im – meinetwegen gern: »illustrativen« – Eingehen auf Anknüpfungsmöglichkeiten aller Art ein gewisses Risiko steckt, aber eben auch der eigentliche Reiz und die wichtigste Quelle für unmittelbare Freude an der gestalterischen Arbeit besteht.

Eine immer wieder bewährte Methode ist das Assoziieren – von Formen, von Farben – in simpler Abbildlichkeit. Das Ungesuchte ist für den Leser leicht zu entschlüsseln; die gestalterische Qualität liegt natürlich ohnehin nie in der Methode, sondern in der Umsetzung. Georg Kleins Roman »Die Zukunft des Mars« spielt auf ebendiesem Planeten; für seine Besiedler ist eine geheimnisvolle rotorange Substanz (oder ist es ein Wesen?) von großer Wichtigkeit. Lisa Neuhalfen hat das Buch mit viel Rot-Orange versehen – Halbleinen, Rundumschnitt, vollfarbige Trennseiten, Zwischenüberschriften – und hat mit Rundsatz planetarische Assoziationen evoziert. Ein Inhaltsverzeichnis war nicht vorgesehen, sie hat es zur Strukturstärkung hinzufügen dürfen. Abgebildet sind Haupttitel und Inhaltsverzeichnis (beide schwarz/rotorange); durch den ersteren schimmert das zweitere, weitere Orbits hinzufügend. Einfacher Ansatz, höchst raffinierte Ausführung (Herstellung: Daniel Sauthoff).

Assoziationen aller Art

40 %

Aufnehmen von formalen Details

Eines meiner ersten Buchprojekte für die Arno Schmidt Stiftung, außerhalb der Typographie des Spätwerks: Arno Schmidt, »Leviathan oder Die beste der Welten«, Faksimile der Handschrift mit topographisch-diplomatischer Transkription. Schmidt hatte als Schreibpapier Telegrammvordrucke der britischen Armee verwendet, was den Inhalt des Kurzromans, der in den letzten Kriegstagen spielt, (bewußt?) illustriert. Die Schrift der Vordrucke ist die Gill, die bestens zur Bembo paßt und die seitdem die Haupt-Auszeichnungsschrift der Stiftung ist. Susanne Fischer und ich haben sie für alle Textteile verwendet, die nicht von Arno Schmidt sind. Diese kleine Verbindung zwischen den Faksimiles und der Typographie dient dem inneren Zusammenhalt des Buches und hat die gestalterische Richtung vorgegeben.

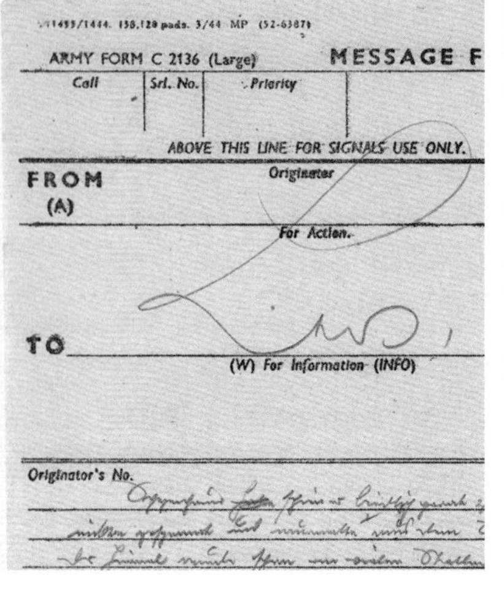
ARMY FORM C 2136 (Large) MESSAGE F

Call | Srl. No. | Priority

ABOVE THIS LINE FOR SIGNALS USE ONLY.

FROM (A) Originator

For Action.

TO

(W) For Information (INFO)

Originator's No.

ratet. (Natürlich; ich hatte damals ja auc
ihr zu sprechen gewagt; ~~damals)~~ sie imm
mals) Der Alte antwortete zitternd: „Alsc
unrecht gehabt – und ich ~~habe~~ hatte gedacht . .
~~sich auf~~ er murmelte und sann. Hanne fr
(immer noch tricksy[2], oh du!) „Können
Für den Durchmesser? –" Ich sprach: „E
dieser ~~dieser~~ der Raum pulsiert." Der Wagen ruckte
Tür aufschurrte; wir fingen sie wieder ur
der Gotteskinder begann zu singen mit se
fiebriger Glasstimme; wer weiß, wie lan

1 Linie deutet Absatz an.
2 In lateinischer Schrift.
3 nennen stark verkürzt.
4 Die zweite Silbe hat einen Auf- und Abstrich zuviel.

Arno Schmidt

Leviathan *oder*
Die beste der Welten

Faksimile der Handschrift
mit zwei Transkriptionen und einem editorischen Nachwort
herausgegeben von Susanne Fischer

1. Zu dieser Ausgabe

Diese Ausgabe präsentiert das früheste erhaltene Ma
skript aus dem Nachkriegswerk von Arno Schmidt
Faksimiledruck. Die Handschrift des *Leviathan* wird
diesem Weg der Öffentlichkeit zugänglich gemacht;
niger wegen spektakulärer Abweichungen von der Dru
fassung als deshalb, weil sie einen Eindruck von A
Schmidts Anfängen im Schriftstellerberuf vermittelt.
diesem Bild gehören das zweckentfremdete Papier, Ü
bleibsel aus dem Weltkrieg, ebenso wie der teils äuße
flüchtig-eilige, teils sehr bestimmte Charakter der Ha

50 %

»Reclams großes Buch der deutschen Gedichte«, ausgewählt und herausgegeben von Heinrich Detering – dieser Titel fügt sich mühelos in drei leichte, schwebend-stabile Zeilenfälle: auf dem Umschlag (und Einband); auf dem Buchrücken ohne Herausgeber; auf dem Haupttitel mit Untertitel und Verlagszeile. Ein anderer Titel, bei dem sich so schön-vignettenhafte Gruppen nicht hätten bilden lassen, hätte eine ganz andere Gesamtgestaltung ergeben müssen. *Zeilenfall*

Ausschnitt aus dem Haupttitel

Reclams großes Buch der deutschen Gedichte

vom Mittelalter bis ins 21. Jahrhundert

Ausgewählt und herausgegeben von Heinrich Detering

Philipp Reclam jun. Stuttgart

40 %

»Alice Schmidt, Tagebuch aus dem Jahr 1954«, herausgegeben von Susanne Fischer. Arno Schmidts Ehefrau hat über Jahre hinweg Alltagsaufzeichnungen angefertigt: eine vorzügliche, gut zu lesende Quelle, geschrieben ohne literarischen Anspruch. Die Darreichungsform von Literatur ist Blocksatz; die Schreibhaltung der Verfasserin – beiläufig, alltäglich, teils ausführlich, teils telegrammartig verkürzt – und das Aussehen der Tagebücher – mit meteorologischen Kürzeln, eingeklebten Zeitungsausschnitten und Bildern – bilden sich im Flattersatz viel besser ab, der den hohen Ton vermeidet. Für Tagebuch- oder Briefbände, die mit Anspruch geschrieben worden sind, womöglich schon im Gedanken an spätere Veröffentlichung, ist Blocksatz die üblichere Wahl, hier wäre er fehl am Platz gewesen. Die breiten Stege bieten Raum für die Wochentag-Kürzel, der lebende Kolumnentitel

Alice Schmidt
Tagebuch aus dem Jahr
1954
Herausgegeben von Susanne Fischer
Eine Edition der Arno Schmidt Stiftung
im Suhrkamp Verlag

35 %

orientiert sich nicht am Satzspiegel, sondern am unteren äußeren Seitenrand. Diese Positionierung unterstützt durch den großen Abstand zum Text das freiere, unliterarische Bild und ermöglicht Differenzen in der Kolumnenhöhe, was den Umbruch sehr erleichtert und den gewünschten Gesamteindruck ebenfalls unterstützt. Der Einband ist notizbuchartig: ohne Schutzumschlag, Halbleinen, schiefergraues Überzugspapier (ebensolche Vorsätze), aufgeklebtes Papierschild, wie der Haupttitel mit roter Jahreszahl. Das Buch wirkt dabei nicht hochindividuell gestaltet, sondern so, als entspräche es einem (vielleicht neuen) Buchtyp »Aufzeichnungen«.

Auch das Buch, das Sie gerade in den Händen halten, folgt dem Muster »Flattersatz, Kolumnentitel unten-außen, Marginalien, Einband mit Notizbuch/Schreibheft/Kladden-Zitat«: Es ist ein Werkstattbericht, und das soll man ihm ansehen.

So So. 27.6. 12^{40} ● +18; Um 14^{h} ist Arno mit der Grobübersetzung fertig! I lese engl. Text fertig N – 16^{50} ◑ +18. Dann lese ich A's dtsch. Text und gebe meine Verbesserungsvorschläge, die v. Fall zu Fall durchgesprochen und gegebenenfalls dementsprechend berücksichtigt werden! Finde: Arno hat das doch glänzend gemacht. Die 450 verdienen wir uns m. E. leicht! –

Mo 28.6. 9^{40} ◑ +18; 12^{30} ◔ +22; P: Eine vorgedruckte Bestätigungskarte vom S. Fischer-Verlag. Das ist natürlich recht unpersönlich u. weniger schön. – N. Mache A's dtsch. Text fertig und beginne um 18^{30} mit der Reinschrift. 4 fach, 1 Expl. wollen wir f uns behalten. Ist schwieriges schreiben, da an den genau entspr. Stellen jetzt v. Original die bes. Regie-Fachausdrücke einzusetzen sind, A. hat (richtig!) nur d. Text übersetzt. Aber diese Schwierigkeit macht mir grade viel Spaß, was A. nicht verstehen kann, denn die gz. Arbeit die A. als bloße Anujanz ansieht ist mir interessant, denn *ich* wäre froh, wenn ich n Hörspiel oder [illegible] konnte u. uns somit money verdienen. Das ist mein großer Wunsch u. würde mir ungemein Spaß machen. Schließlich bin *ich* ja kein Genie u. habe dazu gar nicht den Ehrgeiz. Aber A. lacht mich immer aus und wills nicht zugeben. Und seinen Namen oder seine Bekanntschaften dürfte ich nicht dazu verwenden, sondern höchstens anonym und mir selbst den Weg bahnen. Dazu bin ich aber nicht doof genug! – Am a V: Bancroft. 22^{30} ◑ +12 –

Di 29.6. 9 ◑ +15; 11^{30} ◑ +19; P: Kte v. Nissen: Gibt Brentano-Zeilen: Heureka! Jäger u. Hirt: Gib die Pfeile, nimm den Bogen. (Mir ists Ernst u. dir ists Scherz) Hab die Sehne ich gezogen, du gezielt, dann trifft's ins Herz. : Übrigens Sie wollten doch immer mal nach Mainz kommen oder hier durchfahren? Wann denn? Sie könnten bei uns übernachten, sogar zu zweit (jedenfalls jetzt im Sommer) Im Aug. werden wir allerdings 2–3 Wochen verreisen. Herzl. Gruß, auch an Ihre Frau Ihr Claus Nissen.« Wir haben hell auflachen müssen! Jetzt ist der Griesgram soweit, daß er uns zum übernachten einlädt! A: Ich hab' ihn durch Unverschämtheit überwältigt. – Wenn ich noch an unsere Gänge mit ihm auf der Rheinpromenade denke! Dann Frankfurter Verlagsanstalt: ».... Da sich der Verlag gerade in erheblicher Umorganisation« (so drückt man also Konkurs vornehm aus!) »befindet, möchte Herr Dr. Guggenheimer vorläufig

auf der Rheinpromenade 1951 besuchten Schmidts von ihrem damaligen Wohnort Gau-Bickelheim aus mehrfach die Bibliothek in Mainz.

90 Juni–Juli

v. einer Weiterverfolgung des Cooper-Projektes absehen.« (Bd. zck.) »Hingegen möchte er unter allen Umständen versuchen, die Fouqué-Biographie durch die augenblickliche Krise« (kommt d. Sache schon näher) hindurchzuretten, u. er bittet Sie, sich bis zu einem näheren Bescheid noch etwas zu gedulden.« 9 ◑ +15; 11^{30} ◑ +19. I schreibe am Fernseh-Reinschrift. Haben Tagespensum v. ab heute 6 S. engbeschriebene Übers. MS. halte Pensum ein. So könnten wir's Mo. Mittag zur Post geben. A. legt mir Blaubogen ein. (das würd' er gern tun) trinken in den Tagen auch starken Kaffee. – 20^{10} ◑ +16. – Hören am a. ein Stück aus Walsers Hörspielbearbeitung v. »Wind in d. Weiden« A. soll sichs grade zum Trost anhören wenn er noch denkt, daß *sein* Dialog unzureichend sei! –

Mi 30.6. 8^{40} ◑ +17; Tippen; 12 ● +21; P; Sonnenfinsternis 13^{42}. Himmel ist aber bedeckt, doch ist die [illegible] dünner u. dann kann man mit Hilfe d. Sonnenbrille u. Stecknadelloch in Papier die Sonne sehn, daß sie wie ½, bzw. ¼ Mond aussieht. – L – 15^{50} ● +21; V: Bancroft v. Fort William Henry. – 22 ● +15. – Letzter Bommelleutelgeh. Töpfel Tag. 45 Punkte! –

Do 1.7. 1. Fäntchen-Eulchen Tag. – A. hat nachts Magenschmerzen. – 9^{50} ● +15; P: Scherz & Goverts Verlag GmbH Sttg-Feuerbach (also andre Anschrift) Zeichen: Dr. Se/ik. u. 2 Unterschriften (also wohl doch nicht nur ein Ein-Mann Verlag) – Bestätig. MS Eingang ».. die wir in d. allernächsten Tagen lesen werden. Es trifft sich gut, daß Herr Dr. Goverts gerade in St. ist u. somit auch Gelegenheit hat, sich persönl. mit Ihren MS zu befassen.« – 13^{40} ● +19; N – 15^{50} ● +18. Pensum wird wieder erledigt. Kte an Walser u. Bredemeyer, wie unterm 25.6. bereits notiert! – 18^{50} ● +15 V: Bancroft. Prächtige Karten hat der! –

Fr 2.7. 9^{10} ● +13 •; A: ♀ (Wolle sich entschliessen, vielleicht führen wir doch nach Berlin! Wälzen Fahrpläne, suchen Züge raus. – A. hat geträumt, daß der alte Herr Mohr v. gegenüber gest. wäre. War noch nicht lange her, da stand er oben in seinem Garten u. wir unterhielten uns über Kätzchen. Jetzt ist er seit kurzem schwer krank. Wasser. U. gestern a. hat A. den Pfarrer runterkommen sehen mit den Begleitern, hat letzte Ölung

Wind in den Weiden Nach Kenneth Grahames Roman *Der Wind in den Weiden*.
Bancroft v. Fort William Henry Im vierten Band von George Bancrofts *History of the United States from the Discovery of the American Continent* wird die Belagerung und der Fall des Forts William Henry 1757 geschildert (siehe BVZ 814).

27.6.–2.7. 91

Eine Schrift wählen und ihr folgen

Eine Nebenreihe zur »Anderen Bibliothek« sind die von Christian Döring unter dem Dach des Aufbau Verlags herausgegebenen »Kometen«. Schon vor meinem Studium habe ich die Arbeit des Gestalters, Herstellers und Verlegers Franz Greno bewundert, eines der besten und vielseitigsten Buchgestalter des 20. Jahrhunderts. So konnte ich gar nicht anders, als diesem Meister und speziell den frühen AB-Bänden meine Reverenz zu erweisen. Zunächst habe ich eine klassizistische Schrift gesucht, da Greno in den achtziger Jahren oft mit solchen Schriften gearbeitet hat, und bin auf Michael Hochleitners Type Ingeborg gestoßen, die vorzüglich lesbar ist (das ist bei klassizistischen Schriften der Nach-Bleisatz-Zeit oft ein Problem), detailverliebt und im genau richtigen Maße historisch wie aktuell.

Zu dieser Schrift gibt es einen besonderen Schnitt: lichte, schattierte Versalien, wahlweise mit feiner Linienraster-

40 %

Füllung. Für farbige Hinterlegung hat Hochleitner im Handumdrehen einen Extrafont gemacht (wir leben in Goldenen Zeiten), und dieses Material hat sich wie von selbst arrangiert. Zuerst hatte ich mit stumpffeinen Linien (═══) gespielt, aber das wurde zu streng-klassizistisch. Punktlinien waren besser; die kräftigste, oben auf der Einbandvorderseite, wird ausgestanzt, durch die Stanzung sieht man das farbige Vorsatzblatt und die bedruckte Klappen-Innenseite.

Die Farbgestaltung hat die Textildesignerin Cornelia Feyll beigetragen. Zum wiederholten Male hat sie für eine Buchreihe ein Farbprogramm entwickelt, das schön ist und eigenständig sowie frei von Zufälligkeit.

Die Herangehensweisen, die ich auf diesen Seiten darstelle, sind natürlich untereinander mischbar – hier der historische Bezug die Frühzeit der AB mit der Methode, den Eigenarten und Schnitten einer Schrift zu vertrauen.

Mit einem Bild beginnen

Salamon Dembitzers »Die Geistigen« (Weidle Verlag) ist ein Schlüsselroman über die Literatenszene im Berliner »Romanischen Café« (im Buch: »Harmonisches Café«) um das Jahr 1930 herum. Stefan Weidle und ich fanden ein perfekt passendes zeitgenössisches Foto (von Sasha Stone?) des Ortes, das wir auf der Vorderseite des Einbandes fast vollständig abgebildet

Einband / Broschur-Innenseite und Seite 1 / Seiten 2 und 3 / Seite 4 und Haupttitel 30 %

haben. Eine Fotostrecke mit Ausschnitten aus diesem Bild führt in das Buch hinein, ein Ausschnitt steht zwischen Text und Nachwort, und weitere finden sich auf der letzten Seite sowie auf der hinteren Innenseite der fadengehefteten Broschur. Auf dem Einband konnte die (rot gedruckte) Schrift nur auf zwei dunklen Glasdach-Trägern plaziert werden, das hat auch die Gestaltung des Haupttitels vorgegeben und schließlich die Gesamtgestaltung.

Weil uns das so gut gefiel, haben Weidle und ich weitere Bücher mit Bildstrecken beginnen lassen, etwa die Romane von Carl Nixon; diese sogar mit vierfarbigen.

Dafür gab es ein Vorbild: die von Heinz Edelmann in den siebziger und achtziger Jahren betreute »Hobbit Presse« im Ernst Klett Verlag. Edelmann hat illustrative Bögen von den Schubern über die Broschur-Umschläge zu den ersten Seiten des Buches geschlagen und auf den ersten Seiten Textteile wie Verlagsnamen, Impressum und Haupttitel in diese sehr wirkungsvollen Abfolgen eigener Zeichnungen, Collagen und Fotos integriert. Das hat mich schon als Kind begeistert; ohne die »Hobbit Presse« wäre ich vielleicht nicht Buchgestalter geworden.

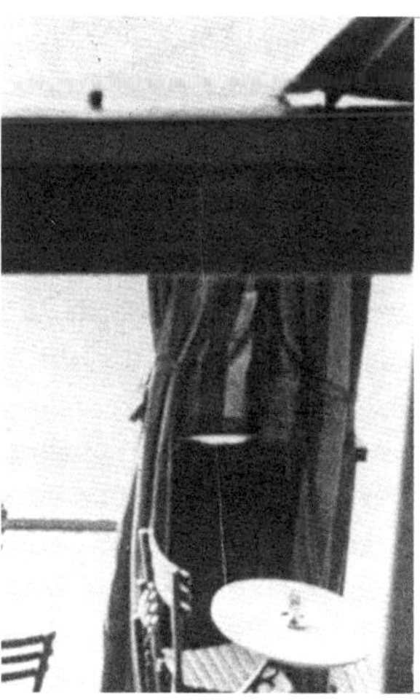

Salamon Dembitzer **Die Geistigen**

Roman Weidle Verlag

Mit einem Nachwort von Uta Beiküfner

Drei: **Das Innere**

Gestaltung von innen nach außen. Schriftwahl und Lesbarkeit. Lesen und Sehen. Allgemeine Schriftformen. Spezielle Schriftformen. Schriftwahl an einem konkreten Beispiel. Warum Antiqua? Blocksatz und Flattersatz. Das magische Quadrat der Typographie. Stegproportionen. Seitenzahl, Kolumnentitel. Überschriften. Doppelseitenbeispiele. Detailtypographie. Hervorhebungen. Umbruch. Vor- und Abspann. Durchgestalten.

Gestaltung von innen nach außen

Wenn ich ein Gefühl für das Ganze entwickelt habe und die Richtung feststeht, beginne ich mit den Innenseiten. Die sind das Wesentliche, sie enthalten die Substanz, auf sie blickt der Leser tage- oder wochenlang. Das Äußere ist sehr wichtig, für den ersten Eindruck und damit auch für den Verkauf, ich entwickle es dennoch am liebsten erst ganz zum Schluß aus der Substanz, dem Inneren heraus. Buchumschläge monatelang vor der Gesamtgestaltung zu entwerfen ist zwar oft notwendig, mir aber unbehaglich. Zum Glück ist es nicht schlimm, wenn das Ergebnis mal anders aussieht als die Abbildung in der Verlagsvorschau, jedenfalls nicht schlimmer, als wenn das Buch nicht so schön ist, wie es sein könnte.

Schriftwahl und Lesbarkeit

Wie wähle ich die Schrift? Die gesamtkonzeptionellen Richtungsentscheidungen wurden im vorigen Kapitel angesprochen. Natürlich ist Lesbarkeit wichtig, sie ist aber nicht alles. Gestalten heißt auch, dem Benutzer gewisse Unbequemlichkeiten zuzumuten und ihm zuzutrauen, daß er Entscheidungen nachvollziehen kann und billigt, die zuungunsten des vordergründigen Funktionierens getroffen wurden, dafür zugunsten eines größeren Behagens, einer – etwas pathetisch gesagt – »höheren Richtigkeit«. Das bekannteste Zitat zum Thema Design, »form follows function«, hat Louis Sullivan genau nicht als Behauptung des Primats der physischen Funktion angewandt, bei dessen Befolgung sich die gute Form womöglich automatisch ergäbe, sondern als Appell, die Funktion einer Sache unbedingt auch in ihrer äußeren Erscheinung zur Darstellung zu bringen, in »shape, form, outward expression, design or whatever we may choose«. In unserem Fall heißt das: Das Äußere eines Buches soll alle Aspekte seines Funktionierens widerspiegeln, auch die geschichtlichen, sozialen, emotionalen »oder was immer wir wählen mögen«.

Lesen und Sehen

Alle buchgestalterischen Elemente müssen zwei Ansprüchen genügen, die im Widerspruch zueinander stehen: dem Lesen und dem Sehen. Wenn wir lesen, sehen wir die Gestaltung nicht. Kein Leser kann sich in einen Text vertiefen, wenn er unablässig die Schrift, die Detailtypographie, den Satz, den Umbruch und die Gesamtgestaltung sieht. Selbst ein Typograph kann Hunderte von Seiten lesen, ohne ein einziges Mal auf diese Dinge geachtet zu haben – wenn die Regelabweichungen nicht allzu sehr überhand nehmen.

Andererseits muß die Gestaltung dem Betrachten standhalten: Wenn der Leser zu Beginn der Lektüre – oder der Käufer im Laden – ein Buch anblättert und es dabei nicht nur anliest, sondern auch ansieht, sollte er mit dem, was er wahrnimmt, einverstanden sein (am besten so sehr, daß die Gestaltung den Kauf wahrscheinlicher macht; zum Glück ist dieser Zusammenhang nicht solide ermittelbar). Inwiefern dann beim eigentlichen, dem »tiefen« Lesen die Gestaltung Einfluß nimmt, ist schwer festzustellen. Ich denke, daß sie stetig und subtil die Lesehaltung mitbestimmt und einen Grundton beiträgt. Mit ihm kann keine komplexe Aussage verbunden sein, aber darum muß er desto präziser stimmen.

Allgemeine Schriftformen

Was weiß der Leser eigentlich über Schriftformen? Alle Antiqua-Buchstaben haben dickere und dünnere Linien, »Grundstriche« und »Haarstriche«. Welche Striche dick sind und welche dünn, steht seit sehr langem unverändert fest, im Falle der Großbuchstaben seit den alten Römern. Ebenso haben Antiqua-Schriften Serifen, also kleine Strichlein am Ende der Grund- und Haarstriche, mal nach links, mal nach rechts, mal nach beiden Seiten. Machen wir einen Test: Zeichnen Sie die abgebildeten Skelett-Buchstaben nach, verdoppeln Sie aus dem Gedächtnis die Grundstriche und fügen Sie Serifen hinzu, so daß etwa aus dem großen I ein I wird:

A E H K M N O R S V W X Y

Die Lösung finden Sie auf der nächsten Seite.

So ist es richtig:

A E H K M N O R S V W X Y

Wenn Sie mehr als die Hälfte der Buchstaben korrekt ergänzt haben (womöglich sogar das »S«) und weder Typograph noch Schriftgestalter sind, sind Sie eine große Ausnahme. Jeder Leser hat jede dieser Buchstaben-Grundformen millionenfach gesehen, aber Strichstärken und Serifenpositionen sind ein Hintergrundphänomen, auf das kaum jemand achtet.

Spezielle Schriftformen

Die Formprinzipien der Antiqua-Schriften sind immer dieselben, und wer liest, sieht nicht. Dennoch – und trotz ihrer so geringen Differenzen – ist der Leser empfänglich für die verschiedene Wirkung verschiedener Schriften. Das gilt sogar, wenn sie von einem gemeinsamen Vorbild abstammen.

Normalschrift »Times«?

»Times New Roman« Regular, Monotype, Version 5.05 (Microsoft) / 9,25 Punkt

Ich bin nicht Vorredner, um mich in das Lob der Schrift, die man dem Publikum hier mitteilt, einzulassen. Wahrheit, Pflicht, Dankbarkeit fordern die wenigen Worte, die ich an den Leser richte.

Diese auf vielen Rechnern vorinstallierte und somit meistbenutzte Times hat einen großen Kontrast zwischen Grund- und Haarstrichen. Das macht sie ein wenig heikel.

»Times New Roman« Regular, Monotype, Berthold / 8,75 Punkt

Ich bin nicht Vorredner, um mich in das Lob der Schrift, die man dem Publikum hier mitteilt, einzulassen. Wahrheit, Pflicht, Dankbarkeit fordern die wenigen Worte, die ich an den Leser richte.

Diese Berthold-Times ist etwas kräftiger, der Kontrast ist geringer, die Kleinbuchstaben sind relativ zu den Großbuchstaben etwas größer. Das macht sie gutmütiger. Um etwa gleich groß zu wirken wie die Times darüber, muß sie einen halben Punkt kleiner gesetzt werden.

»Times New Roman 327« Regular, Monotype, Berthold / 8,75 Punkt

Ich bin nicht Vorredner, um mich in das Lob der Schrift, die man dem Publikum hier mitteilt, einzulassen. Wahrheit, Pflicht, Dankbarkeit fordern die wenigen Worte, die ich an den Leser richte.

Die Berthold-Times 327 ist noch robuster und dabei runder. Sie läuft sehr eng – zur Laufweite siehe Seite 45.

Jede »Times« – und es gibt Dutzende – ist arg abgenutzt (vor allem die des ersten Beispiels), da sie seit Jahrzehnten die Standard-Antiqua schlechthin ist. Man wird nur dann eine »Times« verwenden, wenn man die Geschmacksrichtung »neutral« wünscht – wirkliche Neutralität bietet auch das nicht, sondern man trifft damit eben die Entscheidung für die Aussage »maximale Aussagelosigkeit«.

»Life EF« Regular, Francesco Simoncini, Wilhelm Bilz, Elsner+Flake / 9,25 Punkt

Ich bin nicht Vorredner, um mich in das Lob der Schrift, die man dem Publikum hier mitteilt, einzulassen. Wahrheit, Pflicht, Dankbarkeit fordern die wenigen Worte, die ich an den Leser richte.

Die Life ist eine nahe Verwandte der Times, dabei etwas – aber entscheidend – freundlicher. Auch von ihr gibt es Varianten; die von Elsner+Flake hat die meiste Wärme. Wenn ich in Richtung Times gehen möchte, nehme ich oft die Life.

Übrigens ist »die Times« (wenn ich jetzt mal so tue, als wäre der Singular sinnvoll) keineswegs die pragmatischste, lesbarste, robusteste aller Schriften, wie gern geschrieben wird (weil man zunächst sieht, was man weiß – oder zu wissen denkt). Sie ist sogar ganz schön schwierig, neigt zum Flimmern und zu einem löchrigen Satzbild. Aber man assoziiert sie eben mit pragmatischen, sachlichen Anwendungen. Das ist kein Zufall, sie ist unter der Regie Stanley Morisons als Zeitungsschrift entstanden (und steht auch heute noch der FAZ gut zu Gesicht), auch formale Gründe ließen sich leicht finden, zumal bei der ersten Bleisatzversion. Und mit jeder weiteren sachlichen Verwendung festigt sich die Assoziation. Dabei gibt es viel pragmatischere und lesbarere Schriften, hier als ein Beispiel von sehr vielen die »Tisa Pro«:

»Tisa Pro«, Mitja Miklavčič, 2008, FontShop / 8,4 Punkt

Ich bin nicht Vorredner, um mich in das Lob der Schrift, die man dem Publikum hier mitteilt, einzulassen. Wahrheit, Pflicht, Dankbarkeit fordern die wenigen Worte, die ich an den Leser richte.

Die Tisa Pro hat kaum Kontrast, die Kleinbuchstaben sind relativ zu den Großbuchstaben sehr hoch, sie hat kräftige Serifen, ist aber noch keine Serifenbetonte. Wie viel klarer sie auf gleicher Fläche steht im Vergleich mit der ersten Times links oben!

Literaturschrift »Garamond«

Eine der häufigsten Literatur-Standardschriften ist seit Jahrzehnten »die Garamond«. Hier ist die Einzahl noch heikler: Schon die Schriften, die Claude Garamond zu Beginn des 16. Jahrhunderts hat schneiden lassen, differieren deutlich – und Bleisatzschriften tun das ohnehin von Größe zu Größe, da sie nicht nur optisch oder elektronisch skaliert sind, sondern jeder Schriftgrad eigens angefertigt wurde, was technisch unvermeidlich war und der Sache zugute kam. Kleine Bleisatzschriften sind stabiler (und fallen nicht durch, wie skalierte Schriften so oft), größere sind feiner (und nicht plump). Neuere Schriften haben gelegentlich »Designgrößen« (»Text«, »Subhead«, »Display«), womit sich gut spielen läßt.

Hier zunächst ein Bild einer Garamond-»Garamond«:

tuo celebrandos,eſt a diuitibus ſuppeditandarum quidem pecuniarum ſum-
ptus,a principibus circa hoc ornatus ad magnificentiam apparatus, rerumq;
ad id commodarum opulentia. Panegyrim athletæ corporum robore or-
nant plurimum; & Muſarum ac Apollinis aſſectatores muſica, quæ in ipſis
reperitur. At virum,qui in litterarum & eloquentiæ ſtudiis verſatus fuerit,ac
vniuerſum vitæ tempus in eis conſumpſerit atq; contriuerit, in ornanda pa-
negyri ita ſeſe gerere oportet,ac tanto inniti artificio, vti eius oratio a vulgari

Aus: Altmeister der Druckschrift, D. Stempel AG, Frankfurt a. M. 1940. 100% der dortigen Größe Es handelt sich also um den Offsetdruck (in diesem Buch) nach einem Graustufenscan von mir, der schon für den Hochdruck-Klischee-Abdruck von 1940 photographiert und retuschiert worden war. Alte Schriften kann man nur in alten Büchern genau studieren.

Zu Beginn des 20. Jahrhunderts wurden viele historische Schriften neu geschnitten – sie wurden neu interpretiert, und die Art und Weise, wie dies geschah, ist immer wieder interessant zu studieren; die Differenzen sagen viel über ihre Entstehungszeiten aus. Übrigens sind auch Unterschiede in der Handhabung von Satzdetails für die Schriftwahrnehmung relevant – auf der Abbildung sieht man etwa einen großen Abstand anstelle eines Absatzes in der dritten Zeile sowie allenthalben sehr kleine oder gar keine Abstände nach Kommas, das häufige lange »ſ« mit seinen Ligaturen, die Zierligatur (»ct«), das »&« als »et«-, das »atq;« als »atque«-Kürzel.

Die Garamond-Versionen auf dieser Seite stammen eher von den geglätteten, modernisierten ersten Neuschnitten des 20. Jahrhunderts (Deberny & Peignot, ATF, Monotype) ab als von Originalschnitten, auf die aber gewiß gelegentlich zurückgegriffen wurde. Dafür, daß sie gleich heißen, sind sie sehr verschieden, sie zeigen aber auch Übereinstimmungen. Und jede beeinflußt, wie gesagt, den Leser; jede bringt eine etwas andere Lesehaltung mit sich.

»Stempel-Garamond«, Hausentwurf der D. Stempel AG / 8,75 Punkt

Ich bin nicht Vorredner, um mich in das Lob der Schrift, die man dem Publikum hier mitteilt, einzulassen. Wahrheit, Pflicht, Dankbarkeit fordern die wenigen Worte, die ich an den Leser richte.

Im deutschen Sprachraum die verbreitetste Garamond. Geringe x-Höhe, recht glatt und vernünftig, etwas spitz und scharf, in der Anwendung nicht sehr gutmütig.

»Simoncini-Garamond«, Francesco Simoncini / 9 Punkt

Ich bin nicht Vorredner, um mich in das Lob der Schrift, die man dem Publikum hier mitteilt, einzulassen. Wahrheit, Pflicht, Dankbarkeit fordern die wenigen Worte, die ich an den Leser richte.

Eine lebendige Garamond; speziell in etwas größeren Graden kann sie ihre Schönheit ausspielen, da sie in der digitalisierten Fassung sehr leicht ist.

»Garamond Premier Pro«, Robert Slimbach / 9,75 Punkt

Ich bin nicht Vorredner, um mich in das Lob der Schrift, die man dem Publikum hier mitteilt, einzulassen. Wahrheit, Pflicht, Dankbarkeit fordern die wenigen Worte, die ich an den Leser richte.

Eine Garamond, die viel mehr als die Stempel-Version auf gewisse Rundungen und Rauhigkeiten des historischen Vorbildes zurückgreift und die ich sehr gelungen finde.

»ITC-Garamond Book«, Tony Stan / 9,75 Punkt

Ich bin nicht Vorredner, um mich in das Lob der Schrift, die man dem Publikum hier mitteilt, einzulassen. Wahrheit, Pflicht, Dankbarkeit fordern die wenigen Worte, die ich an den Leser richte.

Die ITC-Neuschnitte historischer Schriften zeigen fast durchwegs extreme x-Höhen. Das war in den siebziger Jahren schick, seitdem nicht mehr. Ich würde sie nie verwenden – vielleicht assoziiere ich sie zu sehr mit dem damals so oft schlechten Satz. Eigentlich sollte sie als Transporteurin eines Siebziger-Jahre-Zeitkolorits taugen.

Schriftwahl an einem konkreten Beispiel

Noch vor 25 Jahren waren Schriften, wie bereits erwähnt, teuer, in der Vor-PostScript-Zeit waren sie zwischen den Satzsystemen nicht übertragbar – und es gab einfach sehr viel weniger. Während ich dies schreibe, befinden sich auf meinem Rechner genau 21.679 Schnitte, und innerhalb von Minuten kann ich für wenig Geld kaufen, was ich noch nicht habe. Das ermöglicht ein sehr genaues Eingrenzen – mit Hilfe von Büchern, in denen Schriften nach Ähnlichkeit sortiert sind oder die Querverweise auf ähnliche Schriften enthalten, oder mit Hilfe von einschlägigen Schriftenvergleichs-Internetseiten.

Bei der Gestaltung der Ausgabe »Walter Benjamin: Werke und Nachlaß« (siehe Seite 22ff.) sahen die Gesamtherausgeber Christoph Gödde und Henri Lonitz, die Auftraggeberin (die Hamburger Stiftung zur Förderung von Wissenschaft und Kultur) und ich die Notwendigkeit, Merkmale der Vorlagendrucke teilweise bis ins Satzdetail hinein mimetisch zu übernehmen. Die Vorlagendrucke sind, ganz zeittypisch, größtenteils in klassizistischen Antiquas gesetzt, teils in spätklassizistischen, teils in Neuschnitten historischer Schriften.

Auflösung und „Durchbrechung jener primitiven Reflexion“ zu deuten. Und in den Windischmannschen Vorlesungen formuliert Schlegel jenes ihm längst bekannte Prinzip mit den Worten: „Das Vermögen der in sich zurückkehrenden Tätigkeit, die Fähigkeit das Ich des Ichs zu sein, ist das Denken. Dies Denken hat keinen anderen Gegenstand als uns selbst.“ Hiermit sind also Denken und Reflexion gleichgesetzt. Dies

Dr. Walter Benjamin: Der Begriff der Kunstkritik in der deutschen Romantik, Bern 1920. Eine Spätklassizistische mit damals üblichen großen Wortabständen.

die relative Stabilisierung der Vorkriegsjahre ihn begünstigte, glaubt er, jeden Zustand, der ihn depossediert, für unstabil ansehen zu müssen. Aber stabile Verhältnisse brauchen nie und nimmer angenehme Verhältnisse zu sein und schon vor dem Kriege gab es Schichten, für welche die stabilisierten Verhältnisse das stabilisierte Elend

Walter Benjamin: Einbahnstraße, Berlin 1928. Eine Bodoni.

Nun sind gerade klassizistische Schriften in digitalen Versionen oft zu spitz und scharf. Das entspricht eigentlich ihrem ursprünglichen Form-Ideal, es fehlt ihnen aber im Offsetdruck der Quetschrand, der beim Hochdruck auftritt.

»Englische Antiqua«, Gerhard Helzel nach Genzsch & Heyse / 8,7 Punkt

Ich bin nicht Vorredner, um mich in das Lob der Schrift, die man dem Publikum hier mitteilt, einzulassen. Wahrheit, Pflicht, Dankbarkeit fordern die wenigen Worte, die ich an den Leser richte.

Eine Spätklassizistische. Zu spitz, steil, eng und historisch für die Benjamin-Ausgabe.

»Bodoni«, Adobe / 8,7 Punkt

Ich bin nicht Vorredner, um mich in das Lob der Schrift, die man dem Publikum hier mitteilt, einzulassen. Wahrheit, Pflicht, Dankbarkeit fordern die wenigen Worte, die ich an den Leser richte.

Eine immer noch häufig verwendete Bodoni. Fleckig, überscharf, unangenehm.

»Bodoni Old Face«, Berthold / 8,7 Punkt

Ich bin nicht Vorredner, um mich in das Lob der Schrift, die man dem Publikum hier mitteilt, einzulassen. Wahrheit, Pflicht, Dankbarkeit fordern die wenigen Worte, die ich an den Leser richte.

Günter Gerhard Langes Interpretation der Bodoni ist weicher, aber noch zu spitz – und verwiese für die Benjamin-Ausgabe zu sehr auf das frühe 19. Jahrhundert.

»Bodoni Twelve EF«, Elsner+Flake / 8,9 Punkt

Ich bin nicht Vorredner, um mich in das Lob der Schrift, die man dem Publikum hier mitteilt, einzulassen. Wahrheit, Pflicht, Dankbarkeit fordern die wenigen Worte, die ich an den Leser richte.

Die Bodoni Twelve geht auf den 12-Punkt-Grad einer Bleisatz-Bodoni zurück. Die Richtung stimmt schon, das Bild ist aber immer noch zu hart und Bodoni-historisch.

»Caledonia«, W. A. Dwiggins, Berthold / 8,4 Punkt

Ich bin nicht Vorredner, um mich in das Lob der Schrift, die man dem Publikum hier mitteilt, einzulassen. Wahrheit, Pflicht, Dankbarkeit fordern die wenigen Worte, die ich an den Leser richte.

Die Caledonia hat ausreichend klassizistische Anklänge für den vorliegenden Zweck und weist genau die gewünschte Balance aus Historizität und Unauffälligkeit auf; sie ist dabei angenehm, wirkt groß und licht und ist sehr gut lesbar.

Zur Schriftmischung in der Benjamin-Ausgabe – zur Caledonia die Akzidenz-Grotesk Old Face – siehe Seite 65.

Warum Antiqua?

Warum sind Antiquaschriften die weitaus überwiegend verwendeten Buchschriften? Es gibt doch auch sehr schöne Groteskschriften (also Schriften ohne Serifen, wie beim Text in dieser Klammer und in den Marginalien) und Serifenbetonte (wie die Grundschrift dieses Buches).

Nun, zum einen, weil das immer schon so war. Das ist in der Buchgestaltung stets ein schlagendes Argument. Die Beweislast liegt immer beim Veränderer, in der Typographie erst recht. Weil Antiquas schon seit Beginn des Buchdrucks verwendet wurden, gibt es sehr viele sehr verschiedene, und das bringt fein abgestufte Auswahlmöglichkeiten mit sich, wie auf den Vorseiten dargestellt. Zu den Buchtypen, die für die Orientierung des Lesers so wichtig sind, gehören selbstverständlich jeweils mitüberlieferte Schriftrichtungen, und die meisten Buchtypen basieren auf Antiquas.

Schließlich mögen auch lesephysiologische Gründe zu finden sein, aber das ist dünnes Eis: Ich habe schon von vielen Lesbarkeitsforschungs-Versuchsaufbauten gehört und gelesen, fand aber noch keinen überzeugend – und viele verblüffend absurd. Simple Plausibilität überzeugt hier mehr als komplexer Unfug, und plausibel ist für mich, daß Merkmale wie Strichstärkendifferenzen, vor allem aber Serifen Orientierungshilfen bieten:

Das kleine »l« und das große »I« sind in Serifenschriften ein wenig verschieden (»Illustration«), das kleine »l« und das große »I« in Groteskschriften kaum (»Illustration«). Die Buchstaben »b d q p« sind in Serifenschriften nicht einfach nur gespiegelt und gedreht, die Buchstaben »b d q p« in Groteskschriften hingegen schon (jedenfalls fast). Durch diese kleinen und kleinsten zusätzlichen Merkmale fördern die Serifen offenbar auch die Wortbild-Erkennung.

Was immer an weiteren Argumenten zu finden sein mag – am überzeugendsten finde ich, daß Serifen das Schriftbild reicher und wärmer machen und daß die Verwendung von Antiquas für Bücher gut ist, weil das schon lange so üblich und insofern vertraut ist.

Blocksatz und Flattersatz

Blocksatz weist links und rechts gerade Kanten auf, die letzte Zeile ist linksbündig. Silbentrennungen sind häufiger und nur sehr begrenzt beeinflußbar. Der Ausgleich findet nur über Vergrößerung und Verringerung der Wortabstände statt, nicht aber der Zeichenabstände.

Flattersatz hat links eine gerade Kante und flattert nach rechts, wie der Name schon sagt. Unschöne Trennungen sind leichter zu vermeiden. Die Wortabstände bleiben unverändert. Er ist die Satzart dieses Buches.

In Büchern kommt fast nur Blocksatz zum Einsatz. Nur in dieser Satzart sind die Doppelseiten symmetrisch und wirken abgeschlossen und ruhig, es gibt keine Ablenkung durch aktive Formen, wie Flattersatz sie mit sich bringt. Wegen der Symmetrie der Doppelseiten ist Blocksatz seit Beginn des Druckens selbstverständlich, und auch in den Jahrhunderten davor wurden die Zeilen mit viel Mühe (und unter Einsatz von Kurzformen) möglichst gleich lang geschrieben.

Man könnte nun denken, daß Trennungen, vor allem etwas unharmonische, das Lesen hemmen. Das Gegenteil ist der Fall: Gerade weil Trennungen im Blocksatz offensichtlich unvermeidlich sind, nimmt der Leser sie mühelos hin. Zumal der Setzer sie (mit Hilfe des Korrektorats) überarbeitet: Er vermeidet die Trennung kurzer Wörter, speziell zweibuchstabiger Endsilben (»ger-/ne«), viele Trennungen untereinander (höchstens drei) – diese beiden Dinge sind automatisch einstellbar – sowie Trennungen, die Verleser hervorrufen (»Urin-/stinkt«, »Drucker-/zeugnis«, »dement-/sprechend«).

Gerade, weil man im Flattersatz unschöne Trennungen vermeiden kann, ist diese Satzart heikler – der Leser (nach meiner Erfahrung nicht nur der typographisch sensible) fragt sich immer wieder mehr oder weniger bewußt, ob diese oder jene Trennung nicht hätte vermieden werden können. Hinzu kommt, daß man beim Flattersatz aktive Formen (Gesichts- und Vasenprofile, einzelne sehr lange oder sehr kurze Zeilen) vermeiden muß. Auch mehrere zufällig gleichlange Zeilen sind nicht gewünscht; das sieht so aus, als stünde ein einzelner Absatz versehentlich im Blocksatz. All das erfordert bei Flattersatz ständiges Eingreifen des Setzers und macht ihn viel aufwendiger als Blocksatz – im Gegensatz zu früheren Zeiten: Vor der Erfindung der Setzmaschinen mußten die Wortabstände im Blocksatz von Hand Zeile für Zeile gleichmäßig erweitert oder, noch mühsamer, verringert werden.

Flattersatz ist die richtige Satzart, wenn ein offenerer, unliterarischerer Eindruck gewünscht ist (siehe die Seiten 28 und 29), vor allem aber für Verzeichnisse und Register, zumal wenn diese in schmalen Kolumnen mehrspaltig gesetzt werden: je breiter die Zeilen, desto mehr Wortabstände und desto einfacher ist damit das Erzielen von gutem Blocksatz. Auch Fußnoten setze ich unter Blocksatz-Kolumnen gern in Flattersatz, weil sie oft Daten, Abkürzungen und andere kaum oder gar nicht zu trennende Zeichenfolgen enthalten.

Blocksatz

26 Diese Zeile dient nur dazu, eine scheußliche Schlußsilbe zu erzeu-
gen.
27 Siehe dazu auch die klugen Darlegungen in meinem Text vom 7.
April 2015.
28 Hinweise zur Bildqualität für den Druck finden Sie unter
www.detailtypografie.de/Scan.html.

Flattersatz

26 Diese Zeile dient nur dazu, eine scheußliche Schlußsilbe zu
erzeugen.
27 Siehe dazu auch die klugen Darlegungen in meinem Text vom
7. April 2015.
28 Hinweise zur Bildqualität für den Druck finden Sie unter
www.detailtypografie.de/Scan.html.

Fußnoten-Flattersatz ist auch beim Umbruch hilfreich. Man kann in dieser Satzart viel leichter als im Blocksatz »austreiben« – also eine oder mehrere Zeilen zusätzlich schaffen. Ebenso ist es recht einfach, eine oder mehrere Zeilen »einzubringen« – also die Kolumne bei gleicher Textmenge kürzer zu machen –, indem man den Textrahmen ein wenig nach rechts verbreitert; das gelegentliche Herausspießen über den imaginären Kolumnenrand hinaus ist ganz unproblematisch.

Auch in recht schmalen Kolumnen, etwa im Bibel- oder Zeitungssatz, ist Blocksatz trotz der notwendigerweise größeren Wortabstand-Schwankungen pragmatischer – und üblicher und schon deshalb müheloser lesbar.

Das magische Quadrat der Typographie

Kunsthandwerke haben ihre Formeln. In Bezug auf Photographie schreibt Janos Frecot von »jenem magischen Dreieck aufeinander bezogener Daten aus Negativ-Lichtempfindlichkeit, Blendenöffnung und Belichtungszeit – sowie der korrekten Entfernungs-Scharfeinstellung« (Schmidt, Vier mal vier, S. 149). Diese Formulierung gefällt mir so gut, daß ich sie auf die Typographie anwenden möchte, für die Beziehung zwischen 1. Schriftart, 2. Schriftgröße, 3. Laufweite und 4. Zeilenabstand – vor allem der letztere, aber auch die Schriftgröße, sind abhängig von der Zeilenbreite.

Schrift

Über Schrift und Schriftwahl habe ich auf den Vorseiten schon einiges geschrieben.

Schriftgröße

Die Schriftgröße ist abhängig vom gewünschten Umfang des Buches – aber wiederum auch vom Buchtyp. So würde man selbst ein sehr schmales wissenschaftliches Werk nicht mit auffällig großer Schrift setzen, denn das würde rasch einen gewissen literarischen Anspruch behaupten, was sich für Wissenschaft auch dann nicht gehört, wenn dieser Anspruch eingelöst würde. Verschiedene Schriften wirken bei gleichen Punktgrößen verschieden groß, die Beispiele auf den Seiten 36ff. zeigen, daß für Größenvergleiche nicht Punktgrößen, sondern Flächengrößen betrachtet werden müssen.

Laufweite

Mit »Laufweite« wird ein genereller Wert bezeichnet, mit dem der Buchstabenabstand verändert wird. Jeder Buchstabe hat eine Vor- und Nachbreite: Sein Bild steht auf einem imaginären Rechteck, meist mit ein wenig leerem Raum rechts und links, damit Buchstaben nicht aneinanderstoßen. Die Bestimmung dieser Räume, die »Zurichtung«, gehört zur Gestaltung einer Schrift und bestimmt ihren Charakter wesentlich mit.

Im Bleisatz wurde jeder Schriftgrad eigens entworfen und geschnitten, die Zurichtung wurde dabei angepaßt: Kleine Schriften laufen weiter, große enger. Speziell bei Adaptionen historischer Schriften, also all den Garamonds, Baskervilles, Bodonis, Jensons, Walbaums, Times – die immer noch in Buchanwendungen überwiegen –, aber auch bei anderen auf älteren Vorbildern beruhenden Schriften – Helvetica, Gill, News Gothic, Akzidenz-Grotesk, Clarendon, Memphis – ist es meist gut, die Laufweite etwas zu erhöhen. Bei neueren Schriften ist das oft nicht notwendig, das muß im Einzelfall immer geprüft werden. Die Satzsysteme der Berthold AG haben die Laufweite den Schriftgrößen automatisch angepaßt. In »Detailtypografie« findet sich eine Tabelle dieser Anpassungswerte mit Laufweitenangaben für InDesign, QuarkXPress und Word (Angaben bei den Satzbeispielen in InDesign-Einheiten), sie sind oft ein guter Ausgangswert. Bei einem etwas lichteren Zeilenbild wirkt Blocksatz außerdem weniger löchrig als bei einem dichten, dunklen.

Zeilenabstand und Zeilenbreite

Der Zeilenabstand kann falsch oder richtig sein. Falsch ist er, wenn er zu gering ist und die Ober- und Unterlängen aneinanderstoßen oder wenn die Wortabstände größer wirken als der Weißraum zwischen den Zeilen, wodurch das Auge nicht an der Zeile entlanggeführt wird, sondern durch eine Gitterstruktur, verursacht von Beziehungen zwischen übereinanderstehenden Wörtern, irritiert wird. Richtig ist er, wenn mühelose Lesbarkeit gewährt ist.

Der Zeilenabstand kann auch schön oder häßlich sein beziehungweise passend oder unpassend. Im einen Falle mag ein sehr weiter (aber noch nicht übergroßer) Zeilenabstand eine gewünschte Leichtigkeit und Offenheit geben, woanders mag gerade eine gewisse Dichte und Schwere das Richtige sein.

Ob ein Zeilenabstand weit oder eng wirkt, ist auch von der jeweiligen Schriftform abhängig. Es gibt Schriften, die sehr vertikal wirken und viel Zeilenabstand brauchen, andere haben eine horizontale Dynamik und gute Zeilenbildung.

Zwischen Zeilenabstand und Zeilenbreite gibt es ein wenig überraschendes Binnenverhältnis: Derselbe Zeilenabstand wirkt in einer schmalen Kolumne weiter als in einer breiten.

Die Beispiele auf den nächsten drei Seiten – Berthold-Bembo, Stempel-Garamond, DTL Documenta – können das Zusammenspiel der Komponenten des »magischen Quadrats der Typographie« nur skizzieren, zumal auch die Kolumnenhöhe eine Rolle spielt. (Daß auf der gleichen Fläche die Berthold-Bembo größer wirkt als die Stempel-Garamond, und die Documenta noch größer, heißt natürlich nicht, daß diese letztere die beste Schrift für jeden Zweck ist.)

»Bembo«, Berthold / 9,5 Punkt / Zeilenabstand (ZAB) 10,5 Punkt / Laufweite (LW) 0

Wenn ich vor einer Buchhandlung oder bei dem Laden eines Antiquars vorbei gehe, fühle ich jedesmal eine lebhafte Neigung, oft einen unwiderstehlichen Zug, hin zu treten und die aufgespeicherte Weisheit durch zu mustern. Nicht selten wird das, was mich am meisten anzieht, mein Eigenthum. Ich habe mich oft deshalb getadelt, da ich mit Lichtenberg einsehe, daß ein Louisd'or in der Tasche besser ist, als zehn in dem Bücherschranke.

Text: M. Fränkel, Theorie des Bücherreizes

Die Berthold-Bembo ist die brauchbarste ihres Namens. Sie hat schöne Einzelformen und die bertholdtypische Kraft. Durch ihre recht hohen Oberlängen braucht sie mehr Zeilenabstand; sie ist außerdem ein typisches Beispiel für eine Schrift mit historischen Wurzeln, die unterhalb von 16 Punkt mehr Laufweite haben will.

»Bembo«, Berthold / 9,5 Punkt / ZAB 12,5 Punkt / LW 0

Wenn ich vor einer Buchhandlung oder bei dem Laden eines Antiquars vorbei gehe, fühle ich jedesmal eine lebhafte Neigung, oft einen unwiderstehlichen Zug, hin zu treten und die aufgespeicherte Weisheit durch zu mustern. Nicht selten wird das, was mich am meisten anzieht, mein Eigenthum. Ich habe mich oft deshalb getadelt, da ich mit Lichtenberg einsehe, daß ein Louisd'or in der Tasche besser ist, als zehn in dem Bücherschranke.

Wie oben, aber mit einem Zeilenabstand von 12,5 Punkt.

»Bembo«, Berthold / 9,5 Punkt / ZAB 12,5 Punkt / LW 16

Wenn ich vor einer Buchhandlung oder bei dem Laden eines Antiquars vorbei gehe, fühle ich jedesmal eine lebhafte Neigung, oft einen unwiderstehlichen Zug, hin zu treten und die aufgespeicherte Weisheit durch zu mustern. Nicht selten wird das, was mich am meisten anzieht, mein Eigenthum. Ich habe mich oft deshalb getadelt, da ich mit Lichtenberg einsehe, daß ein Louisd'or in der Tasche besser ist, als zehn in dem Bücherschranke.

Wie zuvor, also auch mit einem Zeilenabstand von 12,5 Punkt, aber mit einer der erwähnten Tabelle entsprechenden Laufweite von 16 Einheiten. Jetzt stimmt alles zusammen, der größere Zeilenabstand hilft bei der Führung des Auges, die Wortabstände bilden durch die erhöhte Laufweite keine Löcher mehr. Das »magische Quadrat« ist zur Harmonie gebracht.

»Stempel-Garamond« / 9,5 Punkt / ZAB 10,5 Punkt / LW 0

Wenn ich vor einer Buchhandlung oder bei dem Laden eines Antiquars vorbei gehe, fühle ich jedesmal eine lebhafte Neigung, oft einen unwiderstehlichen Zug, hin zu treten und die aufgespeicherte Weisheit durch zu mustern. Nicht selten wird das, was mich am meisten anzieht, mein Eigenthum. Ich habe mich oft deshalb getadelt, da ich mit Lichtenberg einsehe, daß ein Louisd'or in der Tasche besser ist, als zehn in dem Bücherschranke.

Auch die Stempel-Garamond mag keinen zu geringen Zeilenabstand. Ihre Zeilenbildung ist etwas schlechter als die der Berthold-Bembo.

»Stempel-Garamond« / 9,5 Punkt / ZAB 12 Punkt / LW 0

Wenn ich vor einer Buchhandlung oder bei dem Laden eines Antiquars vorbei gehe, fühle ich jedesmal eine lebhafte Neigung, oft einen unwiderstehlichen Zug, hin zu treten und die aufgespeicherte Weisheit durch zu mustern. Nicht selten wird das, was mich am meisten anzieht, mein Eigenthum. Ich habe mich oft deshalb getadelt, da ich mit Lichtenberg einsehe, daß ein Louisd'or in der Tasche besser ist, als zehn in dem Bücherschranke.

Wie das Beispiel oben, aber mit einem Zeilenabstand von 12 Punkt. Da die Stempel-Garamond etwas lichter ist als die Berthold-Bembo, braucht sie etwas weniger Zeilenabstand. So sieht sie schon gut aus.

»Stempel-Garamond« / 9,5 Punkt / ZAB 12 Punkt / LW 5

Wenn ich vor einer Buchhandlung oder bei dem Laden eines Antiquars vorbei gehe, fühle ich jedesmal eine lebhafte Neigung, oft einen unwiderstehlichen Zug, hin zu treten und die aufgespeicherte Weisheit durch zu mustern. Nicht selten wird das, was mich am meisten anzieht, mein Eigenthum. Ich habe mich oft deshalb getadelt, da ich mit Lichtenberg einsehe, daß ein Louisd'or in der Tasche besser ist, als zehn in dem Bücherschranke.

Wie das Beispiel in der Mitte, also auch mit einem Zeilenabstand von 12 Punkt, aber mit einer Laufweite von 5 Einheiten. Diese kleine Laufweitenerhöhung gibt einen feineren Grauwert und macht das Satzbild etwas harmonischer.

»DTL Documenta« von Frank E. Blokland / 9,35 Punkt / ZAB 10,5 Punkt / LW 0

Wenn ich vor einer Buchhandlung oder bei dem Laden eines Antiquars vorbei gehe, fühle ich jedesmal eine lebhafte Neigung, oft einen unwiderstehlichen Zug, hin zu treten und die aufgespeicherte Weisheit durch zu mustern. Nicht selten wird das, was mich am meisten anzieht, mein Eigenthum. Ich habe mich oft deshalb getadelt, da ich mit Lichtenberg einsehe, daß ein Louisd'or in der Tasche besser ist, als zehn in dem Bücherschranke.

Die Documenta hat ein erstaunlich großes Bild – auf gleicher Fläche wie die Stempel-Garamond links. Auch sie braucht aber etwas mehr Zeilenabstand.

»DTL Documenta« / 9,35 Punkt / ZAB 12 Punkt / LW 0

Wenn ich vor einer Buchhandlung oder bei dem Laden eines Antiquars vorbei gehe, fühle ich jedesmal eine lebhafte Neigung, oft einen unwiderstehlichen Zug, hin zu treten und die aufgespeicherte Weisheit durch zu mustern. Nicht selten wird das, was mich am meisten anzieht, mein Eigenthum. Ich habe mich oft deshalb getadelt, da ich mit Lichtenberg einsehe, daß ein Louisd'or in der Tasche besser ist, als zehn in dem Bücherschranke.

Die Laufweite der Documenta, die kein Bleisatz-Vorbild hat, muß nicht erhöht werden. So ist das Satzbild schon ganz ausgezeichnet.

»DTL Documenta« / 9,35 Punkt / ZAB 13,5 Punkt / LW 0

Wenn ich vor einer Buchhandlung oder bei dem Laden eines Antiquars vorbei gehe, fühle ich jedesmal eine lebhafte Neigung, oft einen unwiderstehlichen Zug, hin zu treten und die aufgespeicherte Weisheit durch zu mustern. Nicht selten wird das, was mich am meisten anzieht, mein Eigenthum. Ich habe mich oft deshalb getadelt, da ich mit Lichtenberg einsehe, daß ein Louisd'or in der Tasche besser ist, als zehn in dem Bücherschranke.

Noch mehr Zeilenabstand geht natürlich auch, aber mehr als hier wäre rasch zuviel – die Zeilenbildung dieser Schrift ist einfach vorzüglich.

Stegproportionen

Die Wirkung und Positionierung, die das Buch haben soll, ist gefunden, das Format ist festgelegt, ebenso die Schrift und wie sie gesetzt werden soll – Satzart, Schriftgröße, Laufweite. Die Kolumnenbreite und der Zeilenabstand werden nicht separat von der Proportionierung der Doppelseite bestimmt, sondern die Gestaltungsentscheidungen gehen fließend ineinander über. Die grundsätzliche Vorgehensweise »erst das Gefühl fürs Ganze, dann von innen nach außen gestalten« bewährt sich immer wieder, aber wenn, wie so oft, das Format schon zu Beginn feststeht, wird die Bestimmung der Stegproportionen (und damit auch der Kolumnenbreite und -höhe) vor dem zuletzt beschriebenen Schritt, der Arbeit am »magischen Quadrat«, erfolgen.

Die »Stege« sind die Weißräume rings um den Satzspiegel, also die Abstände der Kolumnenkanten zu den Seitenrändern. Schon das mittelalterliche Buch zeigt eine Stegproportionierung, die immer noch allgemein gültig ist: Aufsteigen vom Bundsteg über den Kopf- und den Außensteg zum Fußsteg.

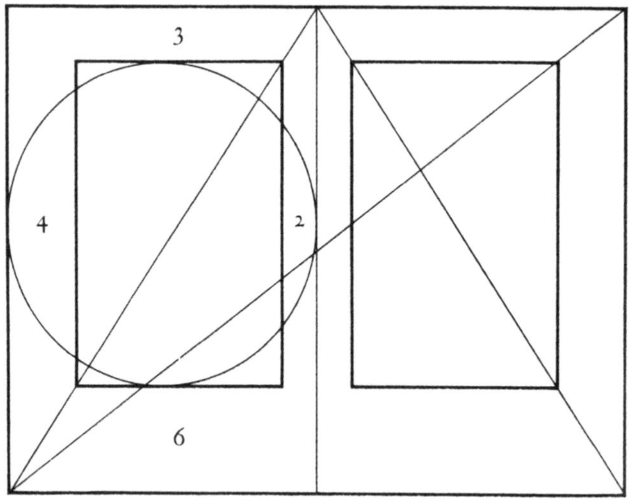

»Der geheime Kanon, der vielen spätmittelalterlichen Handschriften und Inkunabeln zugrundeliegt.« Aus: Tschichold, Schriften 1925–1974. »2« Bundsteg / »3« Kopfsteg / »4« Außensteg / »6« Fußsteg.

Es gibt viele Satzspiegelkonstruktionen; ich habe nie eine davon angewandt, fand ihr Studium aber lehrreich. Für die Festlegung der Stege ist auch die absolute Seitengröße und die Seitenproportion von Bedeutung. Je größer das Format, desto größer in Relation können die Stege sein – die Proportionen der Abbildung auf der Vorseite wären bei einem sehr kleinen Buch sonderbar, bei einem großen wirken sie großzügig.

Die allgemein übliche Höherstellung der Kolumnen gibt der Doppelseite etwas Leichtes. Ob der untere Rand vielleicht auch deshalb größer ist, weil man Bücher beim Lesen eher unten hält? Einerlei: So war es schon immer, und so ist es schön.

Neben der klassischen Verteilung der Steggrößen – von klein zu groß »Bundsteg / Kopfsteg / Außensteg / Fußsteg« – gibt es seit den zwanziger Jahren auch die Verteilung »Bundsteg / Außensteg / Kopfsteg / Fußsteg«, die Abbildung zeigt einen Entwurf von Georg Trump für die Büchergilde Gutenberg von 1929 – damals sehr ungewöhnlich, heute noch schön und jederzeit anwendbar, wenn es paßt (siehe S. 23).

kleine Frühlingsflaggen fingerförmig in einen herrlich blauen Himmel. Da die Ausgänge aus dem Gefängnis — dem Kasernenhofe — von Doppelposten gesichert sind, und andere Posten die scherbengespickte Mauer außen beständig abgehen, mußten sich heute auch die Mannschaften der im Gefängnis gerade diensttuenden Korporalschaft zum Appell einfinden. Auch die meisten Schreiber und Ordonnanzen der Gefängnisschreibstube dürfen wieder einmal in hohen Stiefeln und mit ihrer Knarre antanzen. Es kann ihnen nichts schaden, die stubenblassen Backen so oft als möglich ins Mailüftchen zu halten.

Daher liegt der Wachtraum, um den fächerförmig die Gefangenenzellen gelagert sind, völlig leer bis auf einen Mann. In doppelter Reihe übereinander wie Käfige beinahe stehen die Schlafstätten der Landwehrmänner ihrerseits eine Art Parade. Der Holzwollsack und die Decken darüber zeigen in der militärischen Straffheit der Falten und weggestopften Zipfel die gute Erziehung zu preußischer Ordnung und Sauberkeit. Am rechten Pfeiler jedes Käfigs hängt blank und untadelig das Kochgeschirr dessen, der entweder zu ebener Erde oder in dem Lager darüber sein Reich hat. Die Rucksäcke am Kopfende schweben auf gleicher Höhe, jedes Mannes Habseligkeiten in einer Kiste oder in eine Schachtel verpackt zieren das Fußende links. Auf den Tischen steht nichts. Nichts liegt auf den Bänken. Da es viel Holz gibt und eine gewisse Wärme die Kameradschaft befördert, brennt in einem der beiden eisernen Öfen ein leichtes Feuer. In diesem Raume, der im Augenblick zwanzig Mann regelmäßig Platz für Bewegung und Hintergrund für ihr ganzes Leben bieten muß, in dieser Kegelbahn, deren Fenster offen stehn, bewegt sich der gefangene Sergeant Ilja Pawlowitsch Bjuschew.

Grischa sieht etwas blaß aus, da er schon wieder fast vierzehn Tage in einer Zelle schläft, einer Zelle, in der sich auf die Dauer ein erwachsener Mensch wie in einem Koffer vorkommt, deren kleines Fenster, allzu hoch oben in der Wand angebracht, ihm Aussicht nicht verstattet, und deren einziges Möbelstück, hölzerne Pritsche mit Holzwollsack und Decke, am Tage zum Liegen nicht benutzt werden darf. Den größten Teil seiner Habseligkeiten hat er bei der Einlieferung durch die Streifwache in der Schreibstube abgeben müssen. Wer ihn im Walde gesehn, würde ihn nur schwer erkennen. Haar und Bart fielen dem Gefängnisbarbier anheim. Da sein russischer Waffenrock nicht zu Unrecht als verlaust galt (und da man russische Uniformstücke für die eigenen Spione jederzeit brauchen kann), händigte man ihm als Ersatz für jene Kleider, die Babka aus der Hinterlassenschaft des echten Bjuschew ihm der Glaubwürdigkeit

100

wegen geschenkt hat, nach erfolgter Entlausung deutsche Bekleidungsstücke aus — natürlich solche, die man eigenen Mannschaften, selbst Schippern, nicht mehr zu bieten wagen darf. Sein Waffenrock mit den schwarzen Spiegeln der Artillerie sieht vorn untadelig aus, hinten leider zeigt ein großer dunkelgrauer Fleck im grünlichen Tuch die Stelle an, wo seinem früheren Träger, dem Kanonier Lewin, ein zwei Zoll langer Granatsplitter die linke Schulter bis zum Herzen zerfetzte. Und seine Hose, durchaus sauber, entstammt einem dicklichen und kurzbeinigen Trainfahrer, der das Unglück hatte, von einem platzenden Schrapnell in die Oberschenkel und Knie — denn er saß auf seinem Bock — neun Bleikugeln zu empfangen; einem amerikanischen Schrapnell, das, wie die Ärzte mit Verachtung betonten, kraft flüchtiger Herstellung seinen Bleiguß ohne Streuung auf eine viel zu kleine Fläche ausschüttete. Jedes der neun Löcher, aus denen der arme Fahrer verblutete, ward sorgfältig gestopft; aber da man dazu fast weißes Garn, ungefärbt und ungebleicht, verwenden mußte — denn es mangelt ja schon am Nötigsten — gilt trotz tadellosen Stoffs die Hose als nicht mehr hoffähig. Daß sie dem hochgewachsenen Grischa nur bis zur Mitte der Unterschenkel reicht, tut nichts, weil er sie in den Schäften seiner Stiefel trägt. Die Arme hängen ihm mit den Knöcheln aus dem Waffenrock, aber da er ja nicht zum Müßiggang geschaffen wurde, ist dies vielleicht ein Vorteil. So sitzt er nun, etwas blasser, geschoren und verjüngt, guten Mutes auf der Querbank und reinigt ein Gewehr. Der Landwehrgefreite Hermann Sacht hat ihm ein halbes Brot versprochen, wenn er ihm die Knarre tadellos putze und so das Dienstversäumnis wieder wettmache, das der gute Sacht infolge lebhaften Skatspielens beging und nur dadurch verdeckt, daß er beim Gewehrappell die Waffe seines Kameraden Otto Hintermühl, der augenblicklich mit Halsentzündung im Lazarett liegt, keck als die seine ausgibt. Aber da das menschliche Leben leider auch beim Militär seine Unvollkommenheit beibehält, findet an dieser Ungehörigkeit auch der korporalschaftsführende Unteroffizier, Portier Laue, nichts auszusetzen.

Grischa gibt sich seiner Arbeit mit Begeisterung hin. Er liebt die Waffe. Seit der Einlieferung wieder ganz in soldatischen Gedankengängen, putzt er das Schloß wie einst sein eigenes russisches Gewehr. Er hat die Hemmung gelöst, die Ladekammer geöffnet, die beweglichen Schloßteile herausgenommen, ihren schlauen Bau bewundert, sie geringschätzend mit seinem eigenen Infanteriegewehr verglichen, das so viel mehr Patronen in der Kammer beherbergen konnte, alles Metall mit einem Lappen blank gerieben und gut geölt, und fährt nun mit dem Gewehrstrick durch den Lauf, in dem

101

35 %

Diese Satzspiegel-Konventionen gelten vor allem für Textbücher. Wenn Bilder mindestens so wichtig sind wie der Text, also etwa in Kunstbänden, Fotobüchern, Schaubüchern (»Coffee Table Books«), Katalogen, können individuelle gestalterische Reaktionen sinnvoll oder notwendig sein. Aber auch dann bringt ein größerer Fußsteg Leichtigkeit. Nur wenn gerade eine gewisse Schwere gewünscht ist, wird man den Fußsteg kleiner halten als den Kopfsteg.

Beim Bundsteg ist immer zu bedenken, daß sich die Seiten durch die Bindung in der Mitte des Buches ein wenig hochwölben und daß durch die Papierschichten der meist 16seitigen Bögen ein wenig Schwund entsteht. Auf dem Bildschirm hat die Doppelseite zwei Dimensionen, beim gebundenen Buch drei. Bei engen Raumverhältnissen mache ich Bund- und Außensteg oft fast gleich groß, Wölbung und Bundschwund geben dann beim fertigen Buch den Eindruck etwas engerer Bundstege. Das gilt besonders bei Verarbeitung mit Heißleim, der ein gutes Offenliegen nicht zuläßt. Das versuche ich zu vermeiden, aber nicht immer ist das möglich. Dazu mehr im Kapitel »Das Äußere«.

Seitenzahl, Kolumnentitel

Auf jeder Buchseite steht eine Seitenzahl, die »Pagina«. Das ist schon seit dem Ende des 15. Jahrhunderts üblich, als alle Elemente des Textbuches ihre heute noch gültige Form gefunden haben. Sie gibt Orientierung: innerhalb des Buches für Verweise etwa aus dem Inhaltsverzeichnis oder für Querverweise; und von außerhalb des Buches, für Zitate. Außerdem ist sie bei der Herstellung hilfreich, beim Prüfen des digital gedruckten Plots und danach der »Aushänger«, also der einzelnen Bögen des schon gedruckten, aber noch nicht gebundenen Buches.

Die Seitenzahlen können über der Kolumne stehen oder darunter, auch im Außensteg, dann meist auf der Höhe der ersten Zeile. Wenn die Seitenzahlen für die Orientierung im Buch nicht so wichtig sind wie der lebende Kolumnentitel, stehen sie manchmal im Bund, zum Beispiel in Bibeln.

»Lebender Kolumnentitel« bedeutet, daß in einer abgesonderten Zeile Angaben zum Inhalt gemacht werden. Im englischsprachigen Raum weisen Bücher oft auf jeder Doppelseite gleiche Angaben auf, typischerweise »links Autor / rechts Titel des Buches«. Das ist dann kein »lebender« Kolumnentitel, sondern ein »toter« – man nennt ihn wirklich so –, er kommt im deutschsprachigen Raum eigentlich nicht vor.

Üblich ist der Einsatz eines lebenden Kolumnentitels für Sammelbände: »links Autor / rechts Titel des Beitrags«, für wissenschaftliche Bücher: »links Teil / rechts Kapitel« – oder was immer sinnvoll ist und Orientierung bietet. Kürzen ist natürlich erlaubt; lebende Kolumnentitel, die fast so breit sind wie die Kolumne, sind häßlich, wie auch sehr unterschiedlich lange Kolumnentitel innerhalb eines Buches.

Kolumnentitel können schließlich auch Hinweise auf den Inhalt der jeweiligen Seite geben. Als Satz noch ohnehin von Hand gemacht wurde, war das oft zu sehen, heute, wo lebende Kolumnentitel automatisch erzeugt werden können, kaum noch.

Überschriften

Zu den »flächensyntaktischen Dispositiven« (ein wahrer Prunkbegriff; seine Quelle sei aber sehr empfohlen: Wehde, Typographische Kultur) gehören auch die größeren Weißräume innerhalb der Kolumnen: Absenkungen, Leerzeilen, Abstände vor und nach Überschriften. Hans Peter Willberg wies mich in einer Besprechung meiner Diplomarbeit darauf hin, daß eine Überschrift-Zeile annähernd in der Mitte zwischen dem Text und der oberen Blattkante stand. »Das ergebe sich nun mal so«, sagte ich ihm. »Solange sich ungeklärte Räume ergeben können, ist die Gestaltung noch nicht fertig«, antwortete er – ein Augenöffner von so vielen in seinem Unterricht.

Willberg-Anekdote

Zu den »flächensyntaktischen Dispositiven« (ein wahres Prunkzitat, seine Quelle sei aber sehr empfohlen: Wehde, Typographische Kultur) gehören auch die größeren Weißräume innerhalb der Kolumnen: Absenkungen Leerzeilen, Abstände vor und nach Überschriften. Hans Peter Willberg wies mich in einer Besprechung meiner Diplomarbeit darauf hin, daß eine Überschrift-Zeile annähernd in der Mitte zwischen dem Text und der oberen Blattkante stand. »Das ergebe sich nun mal so«, sagte ich ihm. »Solange sich ungeklärte Räume ergeben können, ist die Gestaltung noch nicht fertig«, antwortete er – ein Augenöffner von so vielen in seinem Unterricht.

Zu den »flächensyntaktischen Dispositiven« (ein wahres Prunkzitat, seine Quelle sei aber sehr empfohlen: Wehde, Typographische Kultur) gehören auch die größeren Weißräume innerhalb der Kolumnen: Absenkungen Leerzeilen, Abstände vor und nach Überschriften. Hans Peter Willberg wies mich in einer Besprechung meiner Diplomarbeit darauf hin, daß eine Überschrift-Zeile annähernd in der Mitte zwischen dem Text und der oberen Blattkante stand. »Das ergebe sich nun mal so«, sagte ich ihm. »Solange sich ungeklärte Räume ergeben können, ist die Gestaltung noch nicht fertig«, antwortete er – ein Augenöffner von so vielen in seinem Unterricht. Zu den »flächensyntaktischen Dispositiven« (ein wahres Prunkzitat, seine Quelle sei aber sehr empfohlen: Wehde, Typographische Kultur) gehören auch die größeren Weißräume innerhalb der Kolumnen: Absenkungen Leerzeilen, Abstände vor und nach Überschriften. Hans Peter Willberg wies mich in einer Besprechung meiner Diplomarbeit darauf hin, daß eine Überschrift-Zeile annähernd in

13

Willberg-Anekdote

Zu den »flächensyntaktischen Dispositiven« (ein wahres Prunkzitat, seine Quelle sei aber sehr empfohlen: Wehde, Typographische Kultur) gehören auch die größeren Weißräume innerhalb der Kolumnen: Absenkungen Leerzeilen, Abstände vor und nach Überschriften. Hans Peter Willberg wies mich in einer Besprechung meiner Diplomarbeit darauf hin, daß eine Überschrift-Zeile annähernd in der Mitte zwischen dem Text und der oberen Blattkante stand. »Das ergebe sich nun mal so«, sagte ich ihm. »Solange sich ungeklärte Räume ergeben können, ist die Gestaltung noch nicht fertig«, antwortete er – ein Augenöffner von so vielen in seinem Unterricht.

Zu den »flächensyntaktischen Dispositiven« (ein wahres Prunkzitat, seine Quelle sei aber sehr empfohlen: Wehde, Typographische Kultur) gehören auch die größeren Weißräume innerhalb der Kolumnen: Absenkungen Leerzeilen, Abstände vor und nach Überschriften. Hans Peter Willberg wies mich in einer Besprechung meiner Diplomarbeit darauf hin, daß eine Überschrift-Zeile annähernd in der Mitte zwischen dem Text und der oberen Blattkante stand. »Das ergebe sich nun mal so«, sagte ich ihm. »Solange sich ungeklärte Räume ergeben können, ist die Gestaltung noch nicht fertig«, antwortete er – ein Augenöffner von so vielen in seinem Unterricht. Zu den »flächensyntaktischen Dispositiven« (ein wahres Prunkzitat, seine Quelle sei aber sehr empfohlen: Wehde, Typographische Kultur) gehören auch die größeren Weißräume innerhalb der Kolumnen: Absenkungen Leerzeilen, Abstände vor und nach Überschriften. Hans Peter Willberg wies mich in einer Besprechung mei-

13

Links: ungeklärte Räume am Kopfsteg. Mitte und rechts: Klärungsmöglichkeiten.

Kapitel 4

Die Wiederkehr des Herrn und die Auferstehung der Toten

Jesu eigene Erwartung, daß das Königreich Gottes nahe sei, hatte offensichtlich seine Anhänger erwarten lassen, daß Gott in die Geschichte eingreifen und sein Reich in dieser Welt – nicht nur in Herz und Geist einiger weniger – errichten werde. Seine Hinrichtung hatte vorübergehend die Erwartung seiner Jünger untergraben, die Auferstehung aber überzeugte sie davon, daß ihr früherer Meister jetzt ihr Herr war und daß er wiederkehren würde, sein Reich zu errichten.

Wir haben oben gesehen, daß das dritte wesentliche Element der christlichen Verkündigung genau dieses war: die baldige Wiederkunft des Herrn, um seine Anhänger zu erlösen und sein Reich zu errichten. Der erste Brief an die Thessalonicher macht klar, daß Paulus seine Konvertiten lehrte, der Herr würde so bald wiederkommen, daß sie diesen Tag noch erlebten. Wir bemerken aber auch, daß diese Erwartung von den Ereignissen in Frage gestellt wurde.

Den Schwierigkeiten in Paulus' Gemeinden ist es zu verdanken, daß er »Theologe« wurde, der eine logische Basis und Erklärung für die zentralen Inhalte seines Glaubens entwickelte. Von den fünf oben angeführten Grundüberzeugungen (S. 33) wurden alle bis auf die ersten beiden (Gott sandte Christus, um die Welt zu erlösen, und er wurde gekreuzigt) Gegenstand der Debatte oder sogar feindseliger Kontroversen unter den Christen. Über die Folgerungen aus der Auferstehung wurde in Korinth gestritten; daß die Wiederkehr des Herrn sich verzögerte, warf Fragen in Thessaloniki auf; die Bedeutung von »die den Glauben haben« löste eine äußerst erbitterte Diskus-

Die »Reclam-Universalbibiothek« wurde vor der Neugestaltung jahrzehntelang in der Stempel Garamond gesetzt. Das kleine Format erfordert knappe Stege, der obenstehende lebende Kolumnentitel einen relativ großen Kopfsteg. Dadurch – und durch die vielen Leerzeilen

sion aus, die sich unmittelbar im Brief an die Galater und etwas weniger direkt im Brief an die Römer spiegelt. Sogar über die Normen sittlichen Verhaltens waren die Christen sich uneins. Wir werden diese Problembereiche in diesem und den folgenden Kapiteln untersuchen.

Die Wiederkehr des Herrn und das Schicksal der lebenden und toten Christen.

Die Streitfrage, der wir in Paulus' erstem Briefwechsel (chronologisch gelesen) begegnen, ist die Wiederkehr des Herrn – eines der Hauptthemen des ersten Briefes an die Thessalonicher. Dies wird uns in eine Diskussion des Wesens der Auferstehung hineinführen.

Das Problem in Thessaloniki entstand, nachdem einige Gemeindemitglieder gestorben waren, so daß die Überlebenden sich um deren Schicksal sorgten. Dies läßt auf die Stoßrichtung von Paulus' ursprünglicher Botschaft schließen: nicht daß die Gläubigen auferweckt, sondern vielmehr daß sie leben werden bis zu ihrer Errettung, wenn der Herr wiederkehrt. Den Tod hatte niemand erwartet. Paulus schrieb an die Überlebenden, um ihnen nochmals zu versichern, daß die Toten die Wiederkehr des Herrn nicht versäumen würden. Diese Versicherung, hoffte er, werde verhüten, daß die Christen in Thessaloniki »traurig« würden »wie die andern, die keine Hoffnung haben« (1. Thess. 4,13); der Grund zur Zuversicht sei, daß »Jesus gestorben und auferstanden ist« und denen, die ihm angehörten, selbst wenn sie stürben, das Leben bei ihm gegeben würde (4,14).

Paulus fährt dann fort mit einem »Wort des Herrn«, wie er es nennt. Die Forscher diskutieren die Bedeutung des Ausdrucks; die meisten teilen die Ansicht, daß solche »Sprüche« eher einem christlichen Propheten gegebene Offenbarungen als Lehren des historischen Jesus sind. Ich neige der zweiten Auffassung zu, doch für den Augenblick

nach den Überschriften – wirkt die Doppelseite etwas schwer. Hinzu kommt die Ähnlichkeit des oben mittig stehenden Kolumnentitels und der Zwischenüberschriften. Schließlich bräuchte die Schrift etwas mehr Zeilenabstand. Das Gesamtbild ist dennoch gut. (100%)

Kapitel 4

Die Wiederkehr des Herrn und die Auferstehung der Toten

Jesu eigene Erwartung, dass das Königreich Gottes nahe sei, hatte offensichtlich seine Anhänger erwarten lassen, dass Gott in die Geschichte eingreifen und sein Reich in dieser Welt – nicht nur in Herz und Geist einiger weniger – errichten werde. Seine Hinrichtung hatte vorübergehend die Erwartung seiner Jünger untergraben, die Auferstehung aber überzeugte sie davon, dass ihr früherer Meister jetzt ihr Herr war und dass er wiederkehren würde, sein Reich zu errichten.

Wir haben oben gesehen, dass das dritte wesentliche Element der christlichen Verkündigung genau dieses war: die baldige Wiederkunft des Herrn, um seine Anhänger zu erlösen und sein Reich zu errichten. Der erste Brief an die Thessalonicher macht klar, dass Paulus seine Konvertiten lehrte, der Herr würde so bald wiederkommen, dass sie diesen Tag noch erlebten. Wir bemerken aber auch, dass diese Erwartung von den Ereignissen in Frage gestellt wurde.

Den Schwierigkeiten in Paulus' Gemeinden ist es zu verdanken, dass er »Theologe« wurde, der eine logische Basis und Erklärung für die zentralen Inhalte seines Glaubens entwickelte. Von den fünf oben angeführten Grundüberzeugungen (S. 39) wurden alle bis auf die ersten beiden (Gott sandte Christus, um die Welt zu erlösen, und er wurde gekreuzigt) Gegenstand der Debatte oder sogar feindseliger Kontroversen unter den Christen. Über die

44 Kapitel 4

Für die Neugestaltung hatte der Verlag einem bei gleichem Text um etwa 10% größeren Umfang zugestimmt. Die Documenta mit ihrer sehr guten Zeilenbildung ist, wie auf Seite 48f. dargestellt, schon auf gleicher Fläche deutlich besser lesbar als die Stempel Garamond.

Folgerungen aus der Auferstehung wurde in Korinth gestritten; dass die Wiederkehr des Herrn sich verzögerte, warf Fragen in Thessaloniki auf; die Bedeutung von »die den Glauben haben« löste eine äußerst erbitterte Diskussion aus, die sich unmittelbar im Brief an die Galater und etwas weniger direkt im Brief an die Römer spiegelt. Sogar über die Normen sittlichen Verhaltens waren die Christen sich uneins. Wir werden diese Problembereiche in diesem und den folgenden Kapiteln untersuchen.

Die Wiederkehr des Herrn und das Schicksal der lebenden und toten Christen.

Die Streitfrage, der wir in Paulus' erstem Briefwechsel (chronologisch gelesen) begegnen, ist die Wiederkehr des Herrn – eines der Hauptthemen des ersten Briefes an die Thessalonicher. Dies wird uns in eine Diskussion des Wesens der Auferstehung hineinführen.

Das Problem in Thessaloniki entstand, nachdem einige Gemeindemitglieder gestorben waren, so dass die Überlebenden sich um deren Schicksal sorgten. Dies lässt auf die Stoßrichtung von Paulus' ursprünglicher Botschaft schließen: nicht dass die Gläubigen auferweckt, sondern vielmehr dass sie leben werden bis zu ihrer Errettung, wenn der Herr wiederkehrt. Den Tod hatte niemand erwartet. Paulus schrieb an die Überlebenden, um ihnen nochmals zu versichern, dass die Toten die Wiederkehr des Herrn nicht versäumen würden. Diese Versicherung, hoffte er, werde verhüten, dass die Christen in Thessaloniki »traurig« würden »wie die andern, die keine Hoffnung haben« (1. Thess. 4,13); der Grund zur Zuversicht sei, dass »Jesus

Wiederkehr des Herrn und Auferstehung der Toten 45

Die Positionierung des lebenden Kolumnentitels im Fußsteg erlaubt klarere Stegproportionen; dadurch und durch das Verschieben nach außen tritt er in keine Konkurrenz zu den Zwischenüberschriften. Die Überschriften sind besser getrennt. (100%)

Petra Lutz,
Thomas Macho:
2° – Das Wetter,
der Mensch
und sein Klima
Wallstein Verlag

Barbara Wurm

Wetter und Film als
Un-Formen der Überwältigung

Auf der Leinwand gibt es kein Stillleben.
Die Dinge verhalten sich. *Jean Epstein*[1]

In einem sind sie ähnlich – Medien der technischen Reproduzierbarkeit einerseits, extreme Witterungsbedingungen andererseits: Sie überwältigen. So sah sich Siegfried Kracauer in seinem Essay »Die Photographie« (1927) veranlasst, das Hereinbrechen der neuen Medien mit einem »Schneegestöber« zu vergleichen und eine »Flut der Photos« zu malen, die die »Dämme« des Gedächtnisses hinwegfegt und damit Welt, Leben und Mensch ihrer Geschichtlichkeit entledigt. »Unter der Photographie eines Menschen ist seine Geschichte wie unter einer Schneedecke vergraben.«[2] Das Medium wird als angst- oder schockauslösende Naturkatastrophe beschrieben, Geschwindigkeitsrausch und Unüber- wie Undurchschaubarkeit umgekehrt als klimatische Zeichen einer beschleunigten Moderne. Der Clou in Kracauers Text ist freilich, dass er die »Reihe der bildlichen Darstellungen, deren letzte geschichtliche Stufe die Photographie ist«, mit dem Symbol beginnen lässt. Das Symbol sei Ausdruck einer noch »naturwüchsige[n] Gemeinschaft«, in der »das Bewusstsein des Menschen von der Natur noch ganz umgriffen wird«. Da Kracauer aber die weitere Entwicklung der Darstellungen gerade als »Zeichen für den Auszug des Bewusstseins aus seiner Naturbefangenheit« versteht, verheißt die Ankunft im skizzierten Katastrophenklima der modernen Fotografie nichts Gutes.[3] Es scheint, als würde das Medium, das analog zum kapitalistischen Produktionsprozess der industrialisierten, mechanisierten Gesellschaft nur noch ein »bedeutungsleere[s] Naturfundament«, eine »dem Gemeinten entfremdete Natur« reproduzieren kann,[4] auch noch auf einer anderen Ebene von den Naturgewalten selbst, insbesondere den witterungsbedingten, eingeholt werden: Die Un-Formen, die es annimmt, sind die von Flut und Schneegestöber.

Dennoch sieht Kracauer gerade in den fotografisch basierten Medien – besonders im Film, aber auch in der Fotografie selbst – eine Chance: Wo jede Naturordnung passé ist, vermögen sie es, durch die blanke Präzision ihrer Reproduktionsverfahren dem Bewusstsein das »Provisorium«, »die Vorläufigkeit aller gegebenen Konfigurationen« zu vermitteln und darüber hinaus – dann nämlich, wenn Zeitmanipulation ins Spiel kommt – diese chaotischen »Teile und Ausschnitte zu fremden Gebilden [zu] assoziier[en].«[5]

Trotz aller Diffusion, Spontaneität, Unvorhersehbarkeit und Kontingenz sollten gerade die Un-Formen Flut, Schneegestöber, Orkane und Wolken aufzeichenbar, sequentiell zerlegbar, speicherbar und schließlich simulierbar werden. Das Festhalten und die visuelle Darstellung des Überwältigenden geht zunächst einher mit dem Versuch, es zu kontrollieren, zu analysieren, zu regulieren. Gleichzeitig aber mischt sich in den Umgang der technischen Medien gerade mit Naturphänomenen wie Wetter- oder Klimaerscheinungen ein auffälliger Spielcharakter – als würden die zwei Seiten eben bei aller Konkurrenz immer wieder ihre affizierende Ähnlichkeit ausspielen. Mehr noch: Die Konkurrenzsituation, in der sich optisch-technische Medien und (Un-)Wetter-Zustände oder -Ereignisse befinden, beruht genau auf dieser Ähnlichkeit: Sie überwältigen – nicht nur uns als Betrachter und Betroffene, sondern auch einander.

Das gilt zunächst da, wo beispielsweise astrophysikalische Beobachtungen mit chronofotografischen Instrumenten, die seit Pierre Jules César Janssens Anwendung eines revolver photographique für den Venus-Transit vor der Sonne im Jahr 1874 eine im Vergleich zum menschlichen Auge lückenlose und objektive Aufzeichnung garantieren sollten, empfindlich durch akute Wetterverschlechterung gestört werden konnten. So sorgten im Oktober 1921, als man in Russland eine partielle Mondfinsternis mit einer eigens konstruierten Foto-Film-Apparatur aufnahm,[6] stetig aufziehende Wolken für die Revision des rein technischen Verfahrens – etabliert wurde deshalb ein nicht-maschinell basier-

96 97 Wetter und Film als Un-Formen der Überwältigung

Ein Ausstellungskatalog, zweispaltiger Flattersatz. Autorname in Cyan, Titel in Magenta. Die Fußnoten der Doppelseite stehen in der rechtesten Kolumne (und dürfen den Satzspiegel überschreiten, wenn nötig), die Seitenzahlen (Cyan) und der Kolumnentitel (Magenta) stehen links unten.

ter Zeitraffermechanismus, der die Serienfotografien der Phasen zusätzlich zum mechanischen Uhrwerk nun auch manuell, das heißt auf der Basis intentionaler, subjektiver Entscheidungen steuern sollte: »Von 11:30 am Abend des 16. bis 01:05 am Morgen des 17. war der Himmel mit leichten Wolkenteilen bedeckt, weshalb es auch wichtig war, den Mond genau in diesen Momenten ›einzufangen‹, in denen er sich mehr oder weniger deutlich zeigte, was die Kameraleute dazu veranlasste, für eine geregelte Einhaltung der Aufnahme von 15-Sekunden-Abschnitten zwei zweiminütige Pausen einzulegen.«[7] Es waren die meteorologischen Fakten, die nicht nur eine Verfeinerung der Technik, sondern gleichzeitig ihre Ent-Objektivierung bedingten.

Umgekehrt schuf sich gerade das Kino immer wieder seine Witterungsbedingungen selbst: Bei seinem im Entstehungsjahr des Fotografie-Essays stattfindenden Besuch in der »Ufa-Stadt« der Neubabelsberger Filmstudios – dieser »Welt aus Papiermaché. Alles garantiert Unnatur, alles genau wie die Natur« – findet Siegfried Kracauer insbesondere die frühen Wettersimulationen Friedrich W. Murnaus für den Faust-Film bemerkenswert: »Nebel aus Wasserdampf, von einer Lokomobile bereitet, umhüllen der Berge schicklich modellierte Gipfelriesen, denen Faust entführt. Zum grausen Sturz des Schaums der Flut wird etwas Wasser durch eine Seitenschlucht gespritzt. Die wilden Triebe entschlafen, wenn im Propellerwind Getreide ersäuselt, das unter den schroffen Fichtenhöhen Feld und Auen bedeckt. Nach Osten strebt Wolke um Wolke, eine Masse gesponnenen Glases, mit geballtem Zug. Bei der Landung werden vermutlich grünumgebene Hütten in vielfarbiger Abendsonnenglut schimmern.«[8]

Störung auf der einen Seite, Simulation auf der anderen. Zwei Gewalten, Film und Wetter, treten gegeneinander an, bezwingen einander, interagieren, scheinen sich gegenseitig aufzuschaukeln. Überwältigung ist ein Potential, das es zu entfalten gilt. Die Kräfte können destruktiv sein, aber stets wird die Faszination und Risikobereitschaft derer, die im und mit dem Medium Erkenntnis suchen, größer sein als Angst und Vorsicht. Das Versprechen, das in extremen Klimazonen und einzigartigen Wettererscheinungen liegt, ist magisch. Es steht nicht im Widerspruch zur drohenden Katastrophe, es ist, wenn man so will, deren ureigenes Wesen – und treibt die Experimente mit dem Medium an.

Nicht Schock, sondern ein Hauch von Sehnsucht schwingt bereits mit, wenn etwa Dai Vaughan in seiner Hommage »Let There Be Lumière« von einer plötzlich auftauchenden Welle in einem frühen fragmentarischen Filmdokument der Brüder Lumière mit dem Behelfstitel *Launching of a Boat* (1900) erzählt und dieses Phänomen als »noch nie dagewesenes Vordringen des Spontanen in die menschlichen Künste« beschreibt.[9] Eine Geste des Widerstands ist

1 Jean Epstein, »Der Ätna, vom Kinematographen her betrachtet« [1926], in: ders., Bonjour Cinéma und andere Schriften zum Kino, hrsg. v. Nicole Brenez u. Ralph Eue, Wien 2008, S. 43–54, hier: S. 44f.

2 Siegfried Kracauer, »Die Photographie«, in: ders., Das Ornament der Masse. Essays, Frankfurt/M. 1977, S. 21–39, hier: S. 26, 34; vgl. auch Mary Ann Doane, »Zeitlichkeit, Speicherung, Lesbarkeit. Freud, Marey und der Film«, in: Henning Schmidgen (Hg.): Lebendige Zeit. Wissenskulturen im Werden, Berlin 2005, S. 280–313, hier: S. 280.

3 Kracauer, »Photographie«, a. a. O., S. 35f.

4 Ebd., S. 37f.

5 Ebd., S. 39.

6 In regelmäßigen Abständen kam jeweils mehrere Sekunden lang ein extremes Langbrennweitenobjektiv zum Einsatz, dessen Bilder direkt auf Zelluloid fixiert und zu einer Serie von über 500 Astrofotografien sowie einem 35 Sekunden langen Film weiter verarbeitet wurden.

7 Nikolaj Bernštejn, »S'emka lunnogo zatmenija« [Aufnahme der Mondfinsternis], in: Kino-Fot 6, 1923, S. 10f.

8 Siegfried Kracauer, »Kaliko-Welt« [Frankfurter Zeitung v. 28.1.1927], in: ders., Das Ornament der Masse. Essays, Frankfurt/M. 1977, S. 271–294, hier: S. 271, 274f.

9 Dai Vaughan, »Let There Be Lumière«, in: Thomas Elsaesser (Hg.), Early Cinema: Space, Frame, Narrative, London 1990, S. 63–67, zit. n. Doane, a. a. O., S. 309.

Da in dem Sammelband Fußnoten eher selten waren, konnte ich sie auf das Text-Grundlinienraster stellen. Dadurch ist der Abstand zwischen der letzten Text- und der ersten Fußnotenzeile immer gleich, und das Durchscheinen gibt Stabilität. Schriften: Corporate E und DIN. (55%)

Ingo Cesaro:
Schatten der Engel
Bücherhaus Bargfeld

Tausend Engelszungen

in seltenen Nächten
recken sich tausend Engelszungen
aus der Tiefe des Ozeans
tanzen mit den Worten auf den Wellen
paaren sich zu Sätzen
wenn das Meer ausatmet
springen die Worte
auf die Zungen Ertrunkener zurück
rechtzeitig bevor
Rückenflossen das Meer teilen

wüßten wir es nicht besser
Meineide würden wir schwören
unsere Seelen verwetten
wir hätten mit eigenen Augen
Engelszungen erkannt

wehre mich gegen die einschläfernde Art
über den letzten Hügel zu gehen
obwohl mir die Beine so leicht.

Gedichte sind die fragilsten literarischen Gebilde, Gedichtsatz ist entsprechend heikel. Seitenzahlen im Kopfsteg wirken wie Gedichtnummern, im Fußsteg kommt ihnen der Text oft zu nah und man verliert beim stets schwierigen Umbruch die

Ertrunkene Buchstaben 84/85

etwas zu feucht
vielleicht
beinah ertrunkene Buchstaben
Wiederbelebungsversuche
auf der Zungenspitze
kühle Luft fächeln
mannshohe Flügel
dem Tode entronnen
daß Worte tanzen
auf dem Hochseil
übermütig tanzen
Engelszungen wären zu preisen
aber welcher Engel
will in der heutigen Zeit schon
für Todesnachrichten
zuständig sein.

Option, den Satzspiegel nach unten zu überschreiten und eine Abtrennung von Zeilen zu vermeiden. Meist wähle ich eine Doppelpaginierung oben rechts auf der Höhe der Titel. Ein kleiner Zeilenabstand ist hier gut. Schrift: Lexicon No. 2. (70%)

Wenn alles stimmt – die Gesamtstimmung, das »magische Quadrat«, die Stegproportionen, die Überschriften samt Leerzeilen, das Durchscheinen – bekommen die Doppelseiten einen gewissen Klang, eine Mühelosigkeit, einen Rhythmus, der mir sagt, daß alles stimmt. Durch Erfahrung mit der eigenen Arbeit und durch Analyse der Arbeiten von Kolleginnen und Kollegen lernt man als Buchgestalter, alle Komponenten mit einem Blick im Zusammenhang zu sehen: sie also als »Superzeichen« zu lesen.

Aber noch ist das Buch nicht fertig: Nach den grundsätzlichen gestalterischen Festlegungen müssen zahlreiche Satzdetails beachtet werden; sodann benötigt auch der Umbruch, also die Durcharbeitung des Layouts, Sorgfalt. Für beides gibt es bewährte Regeln.

Detailtypographie

Wie die Formen der Schriftzeichen haben sich auch die Satzdetails über Jahrhunderte kaum verändert. Der Arbeitsschritt vom Textdokument zum durchgearbeiteten, den Üblichkeiten entsprechenden Satzdokument macht mir immer besondere Freude. Jede weitere Kleinigkeit, die ich Schritt für Schritt, meist per »Suchen und Ersetzen« den Konventionen anpasse, bringt mich dem Text näher, macht das Buch schöner und das Lesen müheloser. Außerdem finde ich in diesem Prozeß fast immer Besonderheiten des jeweiligen Textes (und oft auch noch Dinge, die bei der Textredaktion übersehen wurden), die ich berücksichtige beziehungsweise, nach Absprache mit der Redaktion, vereinheitliche.

Hervorhebungen

Betonte Wörter, Titelnennungen, fremdsprachige Zitate: Was im Text hervorgehoben wird, bestimmt der Autor, das Lektorat, die Redaktion. Natürlich ist es auch hier unerläßlich, daß der Buchgestalter die Regeln kennt und mitdenkt. Er kennt die Buchkonventionen am besten und hat die meiste Erfahrung, welchen Textteilen welcher Grad an Auffälligkeit guttut. Bei Hervorhebungen im Text unterscheiden wir zwischen »integrierten«, die nicht schon beim oberflächlichen Betrachten der Seite herausstechen, sondern erst beim Lesen bemerklich werden, und »aktiven«, die zum raschen Finden von Stichwörtern und Stellen dienen.

Kursive

Die häufigste integrierte Hervorhebung ist die Kursive. Sie ist nicht nur eine schräggestellte Schrift, sondern immer eigens gestaltet. Schriftgeschichtlich ist sie keine Antiqua, sondern eine Schriftart mit eigener Formtradition, die aber schon im frühen 16. Jahrhundert zur Auszeichnungsschrift wurde und seitdem formal »ihrer« jeweiligen Antiqua angepaßt wird. Beim Satz der Kursiven gibt es nicht viel zu beachten – außer daß es meist gut ist, nachfolgende Interpunktionen ebenfalls kursiv zu setzen, um einen formalen Bruch auf engem Raum zu vermeiden.

Wenn ich vor einer Buchhandlung oder bei dem Laden eines Antiquars vorbei gehe, *fühle ich jedesmal* eine lebhafte Neigung, *hin* zu treten und die aufgespeicherte Weisheit durch zu mustern.

Halbfette und Fette

Fettere Schnitte, die erst in der ersten Hälfte des 19. Jahrhunderts aufgekommen sind (also für Buchgestalter vor kurzem), werden im Text nur verwendet, wenn Stichwörter, Lemmata oder etwa »Kernstellen« in Bibeln beim Durchsuchen des Buches hervorspringen sollen.

Wenn ich vor einer Buchhandlung oder bei dem Laden eines Antiquars vorbei gehe, **fühle ich jedesmal** eine lebhafte Neigung, **hin** zu treten und die aufgespeicherte Weisheit durch zu mustern.

Sperrung

»Sperren« bedeutet, daß die Buchstabenabstände erweitert werden. Da die Fraktur keine Kursive kennt (und das Deutsche keine einbuchstabigen Wörter), war die Sperrung in Fraktur-Ländern die Haupt-Auszeichnungsart (neben der Schriftmischung mit Schwabacher) und wurde bis zur Mitte des 20. Jahrhunderts auch sehr viel im Antiquasatz verwendet. Ich wende sie aber nur an, wenn der Kolorit früherer Zeiten transportiert werden soll (siehe Seite 22ff.).

Wenn ich vor einer Buchhandlung oder bei dem Laden eines Antiquars vorbeigehe, f ü h l e i c h j e d e s m a l eine lebhafte Neigung, h i n zu treten und die aufgespeicherte Weisheit durch zu mustern.

Versalien, Kapitälchen

Versalien, also GROSSBUCHSTABEN, werden nicht für Hervorhebungen im Text verwendet, außer bei lauten Ausrufen oder Geräuschen (»HALT!«, »RUMMS«). Sie kommen vor allem in Überschriften oder auf Haupttiteln zum Einsatz und müssen immer ein wenig angesperrt werden – wie sehr, hängt von der Schrift und dem Gesamtkonzept ab. In größeren Graden muß man sie liebevoll ausgleichen, also die Räume zwischen den Buchstaben optisch angleichen. Dazu eine ungesicherte Anekdote, uns Studenten berichtet von Hans Peter Willberg: Der Dichter, Verleger und vorzügliche Typograph der klassischen Moderne Gotthard de Beauclair hatte einen Haupttitel-Abzug an die Druckerei mit zahlreichen Ausgleichsanmerkungen zurückgesandt. Das war nun gar nichts Unübliches, wohl aber, daß er auch die folgenden elf Abzüge mit immer neuen Kleinstkorrekturen zurücksandte. Des Spiels überdrüssig numerierte der Setzer die zwölf Abzüge kaum sichtbar und sandte alle an de Beauclair: »Sie seien ihm durcheinandergeraten, welches wohl der letzte und bisher beste sei?« Nach zwei Wochen kam die achte Version zurück.

KAPITÄLCHEN sind Großbuchstaben, die ein wenig größer sind als Kleinbuchstaben – also nicht nur verkleinerte GROSSBUCHSTABEN, die wären zu dünn, siehe Beispiel –, sie werden eigens entworfen. Man kann sie MIT GROSSBUCHSTABEN oder OHNE GROSSBUCHSTABEN setzen. Anwendungsgebiete: Autornamen in Verzeichnissen, Firmennamen, Akronyme, wenn Versalien zu auffällig aussehen: »Das DRK sendet einen LKW« / »Das DRK sendet einen LKW«.

Man kann Versalien zusätzlich zur Sperrung etwas verkleinern oder Kapitälchen vergrößern, das Auge entscheidet: »Das DRK sendet einen LKW« / »Das DRK sendet einen LKW«.

Schriftmischungen

Das Mischen verschiedener Schriftarten kommt innerhalb des Textes nur vor, wenn sehr verschiedene Ebenen deutlich sichtbar getrennt werden sollen – etwa bei Ergänzungen in textkritische[n] Edition[en].

In diese Richtung geht auch die Schriftmischung zur Differenzierung »Primärtext / Begleit- und Umgebungstexte« (siehe die Seiten 26 und 28).

Typisch ist die Verwendung einer Grotesk als Auszeichnungsschrift zur Text-Antiqua – für Umschlag, Titelei, Überschriften (siehe das Beispiel auf Seite 23).

Schriftmischung braucht Fingerspitzengefühl. Die Antiqua und die Grotesk müssen einander in Formprinzip und Dynamik entsprechen. Zur eher statischen »Caledonia« paßt daher die ebensolche »Akzidenz-Grotesk Old Face«:

Grundschrift **Auszeichnungsschrift**

Zur dynamischen Bembo paßt die Gill:

Grundschrift **Auszeichnungsschrift**

Zur statischen Corporate E paßt die DIN:

Grundschrift **Auszeichnungsschrift**

Zur dynamischen Documenta paßt die Caspari:

Grundschrift Auszeichnungsschrift

Anführungszeichen

Im Deutschen gibt es „diese“, »diese« und «diese» Anführungszeichen. Die ersteren nennen wir „Gänsefüßchen“, die zweiteren »Guillemets«, die letzteren «Guillemets mit den Spitzen nach außen». Ihre Formen sind verwandt, wie man in der »Fournier« gut sieht. Gänsefüßchen sind die Form in Frakturschriften und daher immer noch am häufigsten. Sie sind aber heikel, da sie Apostrophen und Kommas so ähnlich sind, große Weißräume erzeugen und die Zeilenbildung stören: „Oh, 's tut mir weh'“. Ich verwende fast immer Guillemets (außer in Temporalkolorit-Fällen): »Ah, 's tut nimmer weh'«. Mit den Spitzen nach außen, in der französischen Form, sind sie im deutschen Sprachraum selten und müssen etwas «spationiert» werden. ›Einfache Anführungen‹ folgen immer den Formen der »doppelten«.

Speziell in linksbündigen „Überschriften“ sind Gänsefüßchen immer häßlich.

Weitere Details

Daß meist noch zahlreiche weitere Eingriffe notwendig sind, läßt sich an einem Beispiel zeigen. Die Details eines ins Layoutprogramm importierten Textes sehen typischerweise so aus:

Das ist nur ein Blindtext - mit Gedankenstrichen - , sowie mit einem Dreipunkt...Auch eine Abkürzung und ein Datum sollten vorkommen, z. B. der 7.4.2015. Von 1985 - 2015[1] beschäftige ich mich nun schon mit dem ABC des typographischen Kleinkrames, und auch noch im 30. Jahr gern. Besonders Anführungszeichen stimmen *nie*: „Jetz wird Mir ooch Seine, vom Verstand her schlicht aberwitzije, 'Logik' endlich begreiflich" (Arno Schmidt, Zettel's Traum, S. 1420, Frankfurt a.M. 2010).

[1] Fußnotenziffer im Text nicht zu klein und zu hoch, vor der Fußnote als normale Ziffer.

So sieht der Text nach der Durcharbeitung aus:

Das ist nur ein Blindtext – mit Gedankenstrichen –, sowie mit einem Dreipunkt ... Auch eine Abkürzung und ein Datum sollten vorkommen, z. B. der 7. 4. 2015. Von 1985 bis 2015[1] beschäftige ich mich nun schon mit dem ABC des typographischen Kleinkrames, und auch noch im 30. Jahr gern. Besonders Anführungszeichen stimmen *nie:* »Jetz wird Mir ooch Seine, vom Verstand her schlicht aberwitzije, ›Logik‹ endlich begreiflich« (Arno Schmidt, Zettel's Traum, S. 1420, Frankfurt a. M. 2010).

1 Fußnotenziffer im Text nicht zu klein und zu hoch, vor der Fußnote als normale Ziffer.

Gedankenstriche statt Bindestrichen, kein Wortabstand in »–,« / Dreipunkt immer zwischen Wortabständen, außer bei Wortfragmenten / innerhalb von Abkürzungen kleiner Festabstand statt Wortzwischenraum, hier ein Achtelgeviert / ebenso innerhalb von Daten / nach »von« kein Bis-Strich, sondern ein »bis« / Fußnotenziffern nicht zu klein und zu hoch / Versalien etwas gesperrt [oder Kapitälchen] / nach Zahlen mit Punkt [»51.«] etwas kleinerer Festabstand, hier ein Sechstelgeviert / nach einer kursiven Passage wird die Interpunktion auch kursiv gesetzt [oder deutlich spationiert] / Anführungen korrekt und konsistent / keine fl-Ligatur in »begreiflich« / der Apostroph hat die Form »'« / Achtelgeviert nach »S.« und in »a. M.«:

Umbruch

Nach der Detail-Durcharbeitung wird umbrochen. Ich gehe das Satzdokument Doppelseite für Doppelseite durch und prüfe, wo ich eingreifen muß. Der bekannteste Umbruchmangel ist das »Hurenkind«. So nennt man es, wenn auf der ersten Zeile einer Kolumne die letzte Zeile eines Absatzes steht. Das hat zwei Nachteile: Der Leser läuft bei sehr kurzen »Hurenkindern« ins Leere (wenn etwa nach dem Umblättern nur noch eine Silbe steht und danach der neue Absatz folgt), und die Kontur der Doppelseite ist gestört. Der erstgenannte Grund ist offenbar der ausschlaggebende, es stört ja auch niemanden, wenn die erste Zeile einer Kolumne lautet:

»So.«

Das Gegenstück zum »Hurenkind« (was für ein gräßliches Wort!) ist der »Schusterjunge«: Ein Absatz beginnt auf der letzten Zeile der Kolumne. Wenn Absätze mit Einzügen beginnen – und das ist die sinnvolle Regel –, beeinträchtigt auch ein Schusterjunge die Symmetrie ein wenig, und im sehr häufigen Falle unten-außenstehender, nicht eingezogener Seitenzahlen verliert die Seitenzahl auf der linken Seite den Halt, den ihr die Kolumnenkontur gibt.

»Hurenkinder« und »Schusterjungen« vermeidet man, indem man Absätze sucht, die mit fast leeren oder sehr vollen Zeilen enden; die ersteren kann man durch Manipulation von Wortabständen »einbringen«, die letzteren »austreiben«. Fast volle »Hurenkind«-Zeilen kann man übrigens einfach stehenlassen, wie ich finde, und sie womöglich ganz »austreiben«, also auf die Kolumnenbreite bringen. Das ist spätestens ab jetzt erlaubt. Ebenso sind »Schusterjungen« weniger schlimm als löchrige Absätze – wenn sich ein »Schusterjunge« nicht schmerzfrei beseitigen läßt, darf er stehenbleiben (siehe die Seite 8 des Durchgestaltungs-Beispiels auf der Seite 72).

Nicht schön sind Kapitel- oder Buch-Enden, die nur aus zwei Zeilen bestehen. Es sollten mindestens drei sein; eine einzelne sieht ganz verboten aus. Hier hilft oft nur Austreiben oder Einbringen von Absätzen.

Das alles bedeutet, daß Neu-Umbruch mühsam ist und späte Korrekturen vermieden werden sollten. Sonst muß man bereits vorgenommene Manipulationen von Absätzen wiederfinden und rückgängig machen und erneut basteln und schieben, bis alles wieder paßt.

Es lassen sich immer Möglichkeiten finden, auch schwierige Umbrüche gut hinzubekommen. Als Beispiel noch einmal die Benjamin-Ausgabe. Hier habe ich auf zwei Weisen die Manipulationsmöglichkeiten beschränkt: erstens durch die Positionierung des lebenden Kolumnentitels – asymmetrisch links unter den Kolumnen, von diesen durch nur eine Leerzeile getrennt. Ich kann also nicht hier und da die Kolumnenkontur um eine auslaufende Zeile überschreiten, wie ich das sonst gerne mache. Zweitens durch einen immer gleichen Doppelseiten-Zeilenzähler im Bundsteg der rechten Seiten, der auch die Zeilen der linken Seiten mitzählt. Zeilenzähler sind immer etwas störend, zwei phasenverschobene Zeilenzähler auf einer Doppelseite erst recht. Ich war zu Beginn

⟨Literaturliste⟩

Faulcner: Lumière d'août
Schelling: Philosophie der Offenbarung
> Untermann die logischen Mängel des engern Marxismus
> Pierre Janet [über épuration du temps]
Witiko
Salambo
~~Combien il faut être triste pour reconstruire Carthage acedia und Historismus~~
Jochmann gegen die Theorie von der Akkumulation des Fortschritts p109
Rickert: die Grenzen der naturwissenschaftlichen Begriffsbildung
Meyerson: L'explication dans les sciences
> Fustel de Coulanges : La manière d'écrire l'histoire (Revue des deux mondes 1 septembre 1872)

⟨Man kann im Werk von Marx⟩

Man kann ~~drei Grundbeg Vorstellungen namhaft machen, und~~ im Werk von Marx drei Grundbegriffe namhaft machen und ~~auf sie~~ die gesamte theoretische Armatur des Werks als Versuch betrachten, diese drei Begriffe unter einander zu verschweißen. Es handelt sich um den Klassenkampf des Proletariats, um ~~die geschich~~ den Gang der geschichtlichen Entwicklung (den Fortschritt) und um die klassenlose Gesellschaft. ~~Das Ent~~ Bei Marx stellt sich die Struktur des Grundgedankens folgendermaßen dar: durch eine Reihe von Klassenkämpfen ~~geht die~~ gelangt die ~~Mens~~ Menschheit im Verlaufe der geschichtlichen Entwicklung zur klassenlosen Gesellschaft. = Aber die klassenlose Gesellschaft ist nicht ~~der~~ als Endpunkt einer historischen Entwicklung zu konzipieren. ⟨~~x~~⟩ Aus dieser irrigen Konzeption ist unter anderm,

154 Über den Begriff der Geschichte

bei den Epigonen die ~~Nach~~ Vorstellung von der „revolutionären Situation" hervorgegangen, die bekanntlich nie kommen wollte = Dem Begriff der klassenlosen Gesellschaft muß sein echtes messianisches Gesicht wiedergegeben werden, und zwar im Interesse der revolutionären Politik des Proletariats selbst.

⟨Historismus begnügt sich⟩

XV a

| [Historismus begnügt sich damit, einen Kausalnexus zwischen den einander folgenden Begebenheiten in der Geschichte zu etablieren. Aber kein Tatbestand ist als Ursache eben darum bereits ein historischer. Er wird das, posthum, durch Begebenheiten, die durch Jahrhunderte von ihm getrennt sein mögen. Der Historiker, der davon ausgeht, hört auf, sich die Abfolge der Begebenheiten durch die Finger laufen zu lassen wie einen Rosenkranz. Er unterliegt nicht länger der Vorstellung, Geschichte sei etwas, das sich erzählen lasse.] In einer materialistischen Untersuchung ~~wird das epische~~ wird ~~Element im muß~~ die epische Kontinuität ~~im Zuge der~~ zu Gunsten der konstruktiven Schlüssigkeit in die Brüche gehen. Marx erkannte, daß „die Geschichte" des Kapitals sich als das stählerne, weitgespannte Gerüst seiner Theorie darstellt. ~~Er erfaßte die Konstellat bildete in diesem Gerüst die Konstellationen ab, in [durch die Konstellation in die seine eigene Epoche mit ganzen bestimmten Momenten der vergangnen Geschichte getreten war, war ihm dieses Gerüst vorgezeichnet.] Er~~ [Sie] erfaßt~~e,~~ die Konstellation, in die seine eigene Epoche mit ganz bestimmten ~~Momenten fü~~ frühern Momenten in der Geschichte getreten war. ~~Er stieß so auf~~ [Sie beinhaltet] einen Begriff der Gegenwart als der Jetztzeit, in welche Splitter der messianischen eingesprengt sind.] |

155 Manuskripte – Entwürfe und Fassungen

40 %

der Ausgabe neugierig, ob ich diese Selbstbeschränkungen zu bereuen haben würde. Nach bisher acht Bänden ist die Bilanz günstig – es fanden sich immer gute Lösungen, der strenge Seitenaufbau und das durchgehende Ganzzeilenregister halten die verschiedenen Teile – Drucke, Typoskripte, Manuskripte (diese im Flattersatz, siehe die Abbildung links), verschiedene Anhänge – zusammen und ergeben ein klar strukturiertes Gesamtbild. Gerade die Manuskripte sind durch ihre häufige Kürze schwierig zu umbrechen, hier hilft wieder die leichtere Manipulierbarkeit des Flattersatzes (siehe Seite 43).

Christof Gassner hat einmal erzählt, daß der dogmatisch-modernistische Zweig der Kunstgewerbeschule Zürich, an der er studiert hat (bei Josef Müller-Brockmann; der ebenfalls dogmatische Neuklassik-Lehrer Walter Käch unterrichtete dort parallel – man durfte sich vom einen nicht bei einem Gespräch mit dem anderen erwischen lassen), es strikt ablehnte, Umbruch zu manipulieren. Kurze »Hurenkinder«, am besten allein auf einer Seite, waren der Ausweis für größte Strenge und Ernsthaftigkeit. Die Schüler überboten dabei ihren Meister an Kompromißlosigkeit bei weitem.

Zu allen Fragen des Umbruchs sei auf das Buch »Lesetypografie« verwiesen, wo alle möglichen Normal- und Sonderfälle ausgiebig dargestellt und erklärt sind, ebenso das Entwickeln von Vor- und Abspann eines Buches aus der Innentypographie sowie die gestalterischen Zusammenhänge zwischen dem Inneren und dem Äußeren. Hier ist nur Platz für eine kurze Übersicht.

Vor- und Abspann

Bevor der Text beginnt, blättert der Leser durch den Vorspann, die »Titelei«.

Die Seite 1 heißt »Schmutztitel« und kann leer (»vakat«) sein, den Buchtitel nennen oder das Verlagslogo zeigen.

Die Seite 2 ist meist vakat, bei Buchreihen oder Editionen steht hier der Reihentitel.

Die Seite 3 ist der Haupttitel. Bis zum Beginn des 20. Jahrhunderts war er der am aufwendigsten gestaltete Teil des Buches. Auch heute, wo das Äußere diesen Part übernommen hat, steht ihm besondere Sorgfalt zu. Er muß Autoren bzw. Herausgeber nennen sowie Titel, Untertitel und Verlag.

Auf der Seite 4 steht oft das Impressum. Bei Werken der Literatur (aber auch oft bei anderen) finde ich es meist schöner, es ganz ans Ende des Buches zu stellen. Speziell bei langen Impressen – womöglich mit allerhand ästhetisch heiklen Sponsorenlogos und Umweltsiegeln – ist es viel besser, die Einstimmung des Lesers in das Buch nicht durch derlei Unbeherrschbares zu unterbrechen. Auf der Seite 4 kann dann eine eventuelle Widmung stehen.

Seite 5: Inhaltsverzeichnis. Wenn es länger als eine Seite ist, kann dafür auch die Doppelseite 4/5 verwendet werden. Ein nicht auf die nächste Seite umbrochenes Verzeichnis ermöglicht es dem Benutzer, die Struktur des Buches mit einem Blick zu erfassen.

Seite 6: Motto – oder Widmung (wie im vorliegenden Buch).

Seite 7: Textbeginn. Der Text beginnt meist auf einer rechten (also ungerade paginierten) Seite. Verpflichtend ist

Inhalt

Impressum
Eine Edition der Arno Schmidt Stiftung im Suhrkamp Verlag

Zweite, korrigierte Auflage 2005

Korrektoren waren Hajo Lüst und Hermann Wiedenroth
Gestaltung, Satz: Friedrich Forssman, Kassel
Druck: Reinheimer, Darmstadt
Bindearbeiten: Lachenmaier, Reutlingen
Printed in Germany
ISBN 3-518-80220-8

Die Arno Schmidt Stiftung dankt
Dr. Monika Brännström (Berlin), dem SWR
und den Gemeinden Ahlden und Kastel an der Saar
für Unterstützung bei der Recherche.

Jan Philipp Reemtsma: Vorwort

Alle großen Taten und alle großen Gedanken haben in ihren Anfängen etwas Lächerliches.
Albert Camus
Wer seine Arbeit tut, ist nicht lächerlich.
Jean Améry

In diesem Band findet sich eine kommentierte Transkription des Tagebuchs, das Alice Schmidt, geborene Murawski, im Jahre 1954 geführt hat. Es ist nicht selbstverständlich, es zu veröffentlichen. Der bloße Umstand, daß es sich um das Tagebuch der Ehefrau eines der großen deutschsprachigen Schriftsteller des 20. Jahrhunderts handelt, könnte als Begründung ausreichen, aber eine solche Begründung, die der Literaturgeschichte gibt, was nach Meinung vieler der Literaturgeschichte zusteht, und alle auch noch möglichen Fragen und Rücksichten ignoriert, reicht vielleicht doch nicht aus.

In einem Cartoon der Peanuts-Serie kommt eine der Hauptfiguren nachdenklich aus der Schule: sie hätten im Religionsunterricht die Briefe des Apostels Paulus durchgenommen, und man fühle sich doch immer ein wenig unbehaglich, wenn man anderer Leute Post lese. Der Witz wäre noch lustiger, wenn das Diskretionsgebot sich, von denen des Apostels abgesehen, tatsächlich auf alle Arten von Briefen berühmter Personen bezöge. Aber das tut es nicht, und die Veröffentlichung von Schriftstellerbriefen bedarf keiner speziellen Rechtfertigung, auch dann nicht, wenn sie keine unmittelbaren Informationen zum Werk enthalten. Lessings Briefwechsel mit seiner späteren Frau Eva König wurde nur wenige Jahre nach seinem Tod publiziert, obwohl er die in der Zeit, die die Korrespondenz umfaßt, entstandenen literarischen Werke kaum je auch nur anspricht. Die Publikation dieser Korrespondenz datierte vor dem Anspruch der Philologie auf genaue Kenntnis der Umstände einer Textentstehung und war als Veröffentlichung eines persönlichen Dokuments gedacht, und ein solches ist es, bei ungebrochener Wertschätzung, geblieben. Zusätzlich ist ihr noch der Rang eines Zeitdokuments sui generis zugewachsen.

Dem persönlichen Dokument einen besonderen werkexegetischen Wert zuzusprechen ist im 19. Jahrhundert zur Mode geworden, die nie ganz abgelegt worden ist. Wie so vieles andere ist sie nicht mehr Gegenstand grundsätzlichen Streites und liefert von Zeit zu Zeit und von Autor zu Autor mal interessante, mal weniger interessante Ergebnisse. Das Interesse, das Schriftstellernachlässen allgemein (und nicht nur speziell ihrer nachgelassenen Post) entgegengebracht wird, leitet sich nun aber keineswegs von ihrem (wirklichen oder erwarteten) philologischen Nutzwert ab. Das Datum der Niederschrift

Vorwort 5

35 %

das nicht; wenn es gute Gründe für Abweichungen gibt, ist auch auf dem sehr regelhaften Gebiet der Buchgestaltung alles erlaubt. So habe ich beim Tagebuch von Alice Schmidt (siehe Seite 28f.) das Inhaltsverzeichnis und das Impressum auf die Seite 4 gestellt – ein rascher, sachlicher Einstieg in das Buch ist zweckdienlich, zumal auf der Seite 5 nicht der eigentliche Text, sondern das Vorwort beginnt (siehe die Abbildung auf der linken Seite).

Wichtig ist eine klare Linie in der Positionierung der Elemente, im Tagebuch-Beispiel das Aufhängen an der ersten Zeile: Das Impressum steht nicht auf der letzten Kolumnenzeile, sondern nach einer Leerzeile unter dem Inhaltsverzeichnis, die Weißräume sind nicht spannungslos verteilt.

Mit dem Text beginnt die Paginierung – auf welchen Seiten im Buch sie besser weggelassen wird, muß von Fall zu Fall entschieden werden.

Wenn ich ein Buch prüfe, sehe ich mir die Anhänge sehr genau an. Wenn Register – womöglich mehrere –, Bildnachweise, Dankeslisten und derlei genauso liebevoll und präzise in die Gesamtgestaltung einbezogen sind wie die Titelei, dabei aber auch ihre jeweilige Charakteristik zeigen dürfen – zum Beispiel durch mehrspaltigen Flattersatz, hängende Einzüge, oder was auch immer am besten für sie ist –, so fehlt nur noch das richtige Maß der Beziehungen zwischen Innenteil und Äußerem für eine gute Durchgestaltung des Buches.

Durchgestalten

Ein Buch ist schön, wenn die Gestaltung zum Inhalt paßt. Bei Einzelbüchern reagiert sie vielleicht auf ihn, auf eine der beschriebenen Weisen oder eine andere. Dabei ist Buchgestaltung nicht beliebig – der jeweils gewählte Weg muß wohlerwogen sein. Daß praktisch jedes Buch immer auch anders aussehen könnte, versteht sich dabei.

»Durchgestaltung« bedeutet: Alle Elemente beziehen sich aufeinander und auf das Ganze. Es gibt keinen Bruch zwischen der Umschlaggestaltung, dem Einband und der Innengestaltung. Es gibt keine Teile, die obenhin und lieblos erledigt sind, keine ästhetischen Niemandsländer. Auf der nächsten Seite zeige ich ein Beispiel, das sich durch kräftige Elemente für die Darstellung in Miniaturen gut eignet.

Hans Meisel: Torstenson
Schriften: Italian Old Style und Aurora Grotesk.
Bilder: Rainer Gross.
Festeinband, Schutzumschlag, schwarze Vorsätze
Weidle Verlag
15%

Vier: **Das Äußere**

Bindearten: Festeinband, Klappenbroschur, Broschur, Integralband. Heftung. Leim. Umschlag und Einband. Materialien.

Bindearten

Die häufigsten Arten, ein Buch zu binden, sind: Festeinband, Klappenbroschur, Broschur, Integralband.

Festeinband

Der Festeinband oder Deckenband hat eine Buchdecke, die aus dem vorderen und dem hinteren Deckel sowie dem Buchrücken besteht. Der Buchrücken kann gerade oder rund sein. Im vorderen und hinteren Deckel kleben die Vorsatzpapiere (die das Format der Buchdoppelseiten haben), an ihren jeweils nicht mit den Deckeln verbundenen Seiten ist der Buchblock mit etwa 5 mm breiten Leimstreifen eingeklebt, er ist also nur über die Vorsätze mit der Buchdecke verbunden.

Ein Buch mit geradem Rücken wirkt blockhaft und kubisch. Da ein gerader Rücken sich nicht wölben kann, schlägt sich das Buch nicht so gut auf wie eines mit rundem Rücken. Der gerade Rücken hat meist die Pappenstärke der Deckel, die Obergrenze für die Rückenstärke liegt bei etwa 4 cm. Bei einer solchen Stärke werden die Falzgelenke schon recht strapaziert; wenn das Buch deutlich schmaler ist, hat der gerade Rücken keine praktischen Nachteile. Ein runder Rücken hat eine Einlage aus elastischer Pappe, die das Aufwölben beim Aufschlagen ermöglicht. Ich halte ein gutes Aufschlagverhalten für überaus wichtig, es macht das Lesen viel angenehmer und schont das Buch. Die weitaus meisten Festeinbände, die ich herstellen lasse, haben runde Rücken.

Ob gerader oder runder Rücken, die Wahl der Pappenstärke für Vorder- und Hinterdeckel ist eine konzeptionelle Entscheidung. Soll das Buch schwer, sogar massiv wirken, oder schmiegsam und weich? Beides kann richtig oder falsch sein, auch alle Zwischenstufen und in allen möglichen Formaten.

Die Decke kann mit Papier überzogen sein (»Pappband«), mit Buchleinen (»Ganzgewebeband«) oder einen Leinenrücken mit papierüberzogenen Decken kombinieren (»Halbleinen«). Festeinbände haben einen Kantenüberstand, beim aufgeschlagenen Buch ist rings um den Buchblock das Einbandmaterial zu sehen, was gestalterisch zu berücksichtigen ist.

Man kann auch den Block einhängen und das ganze Buch ringsum beschneiden, dann werden die Pappkanten sichtbar. Das macht das Buch etwas empfindlicher, auch in der Produktion, was aber in Kauf zu nehmen ist – es ist eine schöne, offene Bindeart (trotz des unschönen Fachwortes »unechte Steifbroschur«), die die Festigkeit eines Deckenbandes mit der Strenge eines Bandes ohne Kantenüberstände verbindet.

Klappenbroschur Bei Klappenbroschuren besteht der Einband aus einer großen Pappe, die weich genug sein muß für die Elastizität des Rückens und der Falzgelenke und kräftig genug, dem Buch Festigkeit zu geben. Die Klappen müssen unbedingt weit in den Bund ragen – etwa 20 mm Abstand sollten es bis zum Bund sein –, damit sie beim Aufschlagen der ersten und letzten Seiten des Buches keine Hebelwirkung entfalten. Kurze Klappen sind immer lästig. Auch bei der Klappenbroschur wird der Buchblock eingehängt, nicht an Vorsätzen (die sie nicht hat), sondern an ca. 7 mm breiten Klebekanten – entweder nur an diesen oder (üblicher) an der gesamten Fläche des Buchblockrückens.

Ich empfinde die Klappenbroschur als sehr sympathische Buchform, geeignet für alle möglichen Buchtypen, von Literatur bis Sachbuch und Katalog. Die Möglichkeit, die Klappen innen zu bedrucken, ist oft willkommen, etwa für Pläne, Diagramme, Farbflächen oder Muster.

Broschur Die Broschur ist eine Klappenbroschur ohne Klappen, dadurch ist sie deutlich billiger herzustellen. Eine grundehrliche Bindeart, und durchaus haltbar – wenn die Verarbeitung stimmt, also der richtige Leim verwendet wird.

Integralband Die Decke eines Integralbandes besteht aus einem großen Kartonstück, die Kanten sind zur Verstärkung umgeschlagen. Er hat Kantenüberstände, es gibt ihn mit oder ohne Klappen. Diese Einbandart eignet sich für Bücher, die elastisch und haltbar sein sollen, etwa Reiseführer oder Kochbücher. Die umgeschlagenen Kanten zeichnen sich auf den Deckeln meist ab, er hat dadurch etwas Improvisiertes, das durchaus passen kann. Wenn man ihn als preiswerten Ersatz für Deckenbände einsetzt, wirkt er genau wie das: ein preiswerter Ersatz. Für hochseriöse Werke kommt er eher nicht in Frage.

Wenn ein Text als gedrucktes Buch veröffentlicht ist, ist er von da an nie mehr aus der Welt zu schaffen. Noch keine Macht hat das zu irgendeiner Zeit hinbekommen, trotz diverser Schwarzer Listen, Verzeichnissen verbotener Bücher und Bücherverbrennungen.

Heftung

Mit dem gedruckten Buch ist also das überaus wertvolle Versprechen der Dauer verbunden. Das gilt aber nur, wenn die Herstellung diesem Anspruch auch gerecht wird – das heißt: wenn das Buch fadengeheftet ist. Die Mehrkosten halten sich in Grenzen – sie liegen bei einem, höchstens zwei Cent pro 16seitigem Bogen (»Bögen« oder »Lagen« sind die Hefte, aus denen ein Buch besteht), betragen bei einem 320-Seiten-Buch also höchstens 40 Cent. Die müssen freilich für den Verkaufspreis mit dem Faktor 4 bis 5 multipliziert werden, dennoch gilt: Bei Taschenbüchern und Reclam-Heften hat Klebebindung ihre Berechtigung, ein klebegebundener Deckenband aber ist ein Ärgernis. Man erkennt bei einem Blick von oben oder unten auf den Buchblock die einzelnen Bögen – dabei eventuell das Kapitalbändchen, das beim Industrie-Einband nur noch schmückende Funktion hat, etwas beiseiteschiebend –, beim weiten Öffnen des Buches sieht man die Fäden in der Mitte der Bögen.

Leim

Zur Fadenheftung gehört der richtige Leim. Heißkleber (»Hotmelt«) hat eine kräftige Klammerwirkung, man kann ein damit hergestelltes Buch – ob Festeinband, ob Broschur – nur mit Kraft aufbiegen, wobei der Rücken dabei manchmal sogar bricht. Heißkleber ist ein wenig billiger und etwas leichter zu verarbeiten, die Ersparnis liegt aber noch unter derjenigen der Klebebindung gegenüber der Fadenheftung. Manche Verlage und Buchhändler mögen an ihm, daß der Hotmelt-Rücken auch nach mehrmaligem Öffnen des Buches unverändert aussieht, aber dieser geringe Vorteil ist teuer erkauft – der Weichmacher erlahmt nach einigen Jahren (oder Jahrzehnten), das Buch zerfällt. Es ist dann zwar noch zur Not reparierbar und wird auch als Loseblattsammlung weiterbestehen, aber das profunde Ärgernis eines Buches mit eingebautem Selbstzerstörungsmechanismus läßt sich ja vermeiden.

Kaltleim (»Dispersionsleim«) bildet eine ganz dünne Schicht und ist dauerelastisch. Bei fadengehefteten Broschuren spürt man durch den Karton am Buchrücken die Heftbünde. Bei mehrmaligem Öffnen wird der Rücken senkrechte Falten zeigen – sie sind ein Qualitätsmerkmal.

Bei Verwendung von gestrichenen Papieren, womöglich ganzseitigem Lack, ist Kaltleim schwierig zu verarbeiten. Für solche Fälle gibt es PUR-Leim.

Umschlag und Einband

Ich habe es schon angesprochen: Umschlaggestaltung und Einbandgestaltung müssen sich aufeinander beziehen, und gemeinsam auf den Innenteil. Die Umschlaggestaltung wird oft Agenturen übertragen, wobei meist nur die Vorderseite (»U1«) interessant gefunden wird, eventuell noch der Buchrücken; auf der Rückseite (»U4«) stehen dann Werbetext und Barcode eher beliebig herum. Bücher sind aber dreidimensionale Gebilde, und Umschläge sind viel schöner, wenn bei ihrer Gestaltung Vorderseite, Rücken und Rückseite als Gesamtheit aufgefaßt werden. Wenn die Gestaltung des Äußeren nicht in denselben Händen wie die Innengestaltung liegt (was ich stets bevorzuge, selbst nehme ich nur solche Aufträge an), kann durch Rücksprache mit der Herstellungsabteilung des Verlags (die meist für Gestaltung und Satz des Innenteils zuständig ist) der gestalterische Bruch vermieden sowie die Freude am gemeinsamen Buchprojekt gesteigert werden.

Der Einband – ob Papp- oder Gewebeband – bekommt oft nur eine einfarbige Rückenprägung, die der Typographie auf dem Umschlagrücken entspricht, aber ohne dort möglicherweise vorhandene Gestaltungselemente, wodurch die Positionierung zufällig und lieblos wirkt. Wieviel besser, wenn der Einband so gestaltet ist, daß er als Bindeglied zwischen Umschlag und Innenteil wirkt, und wenn er so schön ist, daß das Buch ohne Umschlag nicht unvollständig wirkt.

So sehr der Zusammenhang aller Teile des Buches meiner Überzeugung entspricht – es gibt auch sehr schöne Bücher, bei denen Einband und Innenteil eine Einheit bilden (das ist unerläßlich, sind sie doch unzertrennlich), dabei eher zurückhaltend auftreten, und der Umschlag ein ganz anderes Spiel treibt. Das kann nur gutgehen, wenn die Umschlaggestalter vorzüglich sind (und das Vertrauen des Auftraggebers haben und damit ihre Fähigkeiten auch ausspielen können) – siehe etwa die Arbeiten eines Georg Salter, Imre Reiner, Willy Fleckhaus, Hannes Jähn. Und Klaus Detjen: Durch die Schönheit eines von ihm gestalteten Umschlages für Halldór Laxness' »Am Gletscher« wurde ich zum willenlosen Käufer des Buches – und begeisterten Leser aller Bücher des Autors.

Abscheulich ist, wenn beides nicht der Fall ist: wenn der Umschlag weder mit dem Innenteil etwas zu tun hat noch eine eigenständige Qualität hat. Oft sieht man beliebige Agenturfotos, dazu Autor und Titel in irgendeiner Schrift dahin geschoben, wo das Foto ruhige Flächen aufweist: Nullästhetik, die das Buch entstellt und den Leser für dumm verkauft.

Gestaltung und Fälze

Festeinbände haben, parallel zu den Rückenkanten, eingebrannte Fälze auf dem Vorder- und Rückendeckel, Broschuren haben dort aus Beweglichkeitsgründen falzähnliche Nuten. Diese Funktionselemente – jeweils etwa 8 mm von der Rückenkante entfernt – werden bei der Gestaltung oft vergessen, Schrift kommt dann in zu große Nähe dieser Vertiefungen oder Wülste oder gerät gar hinein.

Materialien

Ich mag Bücher, die sich gut anfühlen. Sie fühlen sich gut an, wenn sie aus lebendigen Materialien bestehen – Leinen und durchgefärbte Papiere für das Äußere oder Naturpapiere beziehungsweise Naturkartons für den Einband, mit mattem Griffschutzlack bedruckt, der die Haptik der offenen Materialien bewahrt. Folienkaschuren schützen das Buch gut, sie machen es aber auch steril. Ich verwende sie praktisch nie. Zu den vielen guten Eigenschaften von Büchern gehört, daß sie alt werden – wenn sie gut hergestellt sind, halten sie sogar ewig; wenn sie gut gestaltet sind, sind die Abnutzungsspuren vorgesehen und eingeplant.

Innenpapier, Vorsatzpapier

Spätestens seit den 1990er Jahren sind praktisch alle Buchpapiere alterungsbeständig. Manche verändern sich aber doch, und auch das kann man einplanen. So haben Barbara und Stefan Weidle gemeinsam mit mir beschlossen, ein Buch mit Photographien Eric Schaals aus den 30er bis 60er Jahren auf leicht holzhaltiges, mattgestrichenes Papier zu drucken. Nun, nach vielen Jahren, wird das Papier ganz leicht lichtrandig, was ein gewisses willkommenes Zeitkolorit hinzufügt.

Glänzendgestrichene Papiere verwende ich fast nie. Die gegenüber mattgestrichenen Papieren etwas größere Brillanz ist mit ihrem Spiegeln teuer erkauft. Auch auf ungestrichenem, aber deutlich geglättetem (»satiniertem«) Papier können vierfarbige Bilder vorzüglich stehen; wenn das Buch einen gewissen Textanteil hat, sind sie das Mittel der Wahl. Daß für Textbücher nur Naturpapier in Frage kommt, versteht sich zum Glück seit Jahrzehnten von selbst.

Warum aber wird für die Vorsatzpapiere immer noch standardmäßig ein geripptes Material verwendet? Die Rippung läßt auch ein sehr angenehmes Innenpapier überglatt und technisch aussehen, dieses wiederum läßt das gerippte Vorsatzpapier kitschig wirken. Außerdem ist das gelblichweiße gerippte Standardmaterial zu transparent, sodaß die Umschlagkanten und die Graupappe des Einbandes durchschimmern. Viel schöner sind durchgefärbte Vorsatzpapiere von derselben Oberfläche wie das Innenpapier. Wenn alle Materialien, Färbungen, Oberflächen und Verarbeitungsmethoden aufeinander abgestimmt sind, ist das Eintreffen der Belegexemplare ein freudiges Ereignis.

»Ob nun die Bedeutung der äußeren Gestalt des Buchs anerkannt wird oder nicht: in diesem Zusammenhang verdient die Meinung des Ungarn György Horváth Beachtung, der die Auffassung bestreitet, daß die typographische Form ›das Kleid des gedruckten Worts‹ sei. Die Typographie, sagt er, ist viel mehr als das: *sie bildet die Knochen und das Fleisch des gedruckten Worts*. Tatsächlich ist ein Bündel Manuskriptblätter kein Buch, wenn man auch aus dem Manuskript die Gedanken und Absichten des Autors zur Kenntnis nehmen kann. Trotzdem: *ein Buch ist erst ein Buch, wenn es ein Buch geworden ist.*« (Huib van Krimpen)

Für die Hinweise zum Buchbinderischen habe ich Herrn Peter Kunz von der Firma Lachenmaier befragen dürfen; für seine Auskünfte danke ich ihm. Fanny Esterházy und Susanne Fischer danke ich für die aufmerksame Durchsicht.

Zitierte Literatur

Horst Blanck: Das Buch in der Antike. München 1992

Friedrich Forssman, Ralf de Jong: Detailtypografie. Nachschlagewerk für alle Fragen zu Satz und Schrift, 5. Auflage, Mainz 2013

Friedrich Forssman, Thomas Rahn: Gemäßigte Mimesis. Spielräume und Grenzen einer eklektischen Editionstypographie. In: Typographie und Literatur, hg. von Rainer Falk und Thomas Rahn, Frankfurt am Main / Basel 2015

Friedrich Forssman, Hans Peter Willberg: Lesetypografie, 5. Auflage, Mainz 2010

M. Fränkel: Theorie des Bücherreizes. In: Der Gesellschafter oder Blätter für Geist und Herz: Ein Volksblatt, Band 9, Berlin 1825

Peter Geimer: Das große Recherche-Getue in der Kunst. Frankfurter Allgemeine Zeitung, 20. April 2011

Huib van Krimpen: Ein Buch ist erst ein Buch, wenn es ein Buch geworden ist. Zehn kurze und längere Betrachtungen über die Buchtypographie, Amsterdam 1987

Gerhard Matzig: Wie ein Anfall von Würfelhusten. Süddeutsche Zeitung, 27. März 2015

Arno Schmidt: Vier mal vier. Fotografien aus Bargfeld. Hg. und mit einem Nachwort von Janos Frecot, Frankfurt am Main 2003

Jan Tschichold: Schriften 1925–1974. Ausgabe in zwei Bänden. Hg. von Günter Bose und Erich Brinkmann, Berlin 1992

Susanne Wehde: Typographische Kultur. Eine zeichentheoretische und kulturgeschichtliche Studie zur Typographie und ihrer Entwicklung, Tübingen 2000

Ästhetik des Buches

Autoren aus verschiedenen Disziplinen widmen sich in der Reihe »Ästhetik des Buches« den einzigartigen ästhetischen, kulturellen und wahrnehmungspsychologischen Qualitäten des gedruckten Buches. In Essays, Porträts und Kommentaren wird das Buch, seine Optik, Haptik und Formgebung, seine Funktionen und Wirkungen, aber auch die Tradition der Typographie und der Buchgestaltung diskutiert. Dieser Diskurs zur Buchform und zum Buch als Form konzentriert sich auf die sinnlichen und lesetechnischen Vorteile dieses Mediums und vermittelt Einblicke in die Arbeit daran.

Bisher erschienen

1 Hans Andree: *normal regular book roman. Ein Beitrag zur Schrift- und Typografiegeschichte*

2 Günter Karl Bose: *Das Ende einer Last. Die Befreiung von den Büchern*

3 Gerd Fleischmann: *Tschichold – na und?*

4 Roland Reuß: *Die perfekte Lesemaschine. Zur Ergonomie des Buches*

5 Uwe Jochum: *Medienkörper. Wandmedien – Handmedien – Digitalia*

6 Friedrich Forssman: *Wie ich Bücher gestalte*

7 Hans Rudolf Bosshard: *Regel und Intuition. Von den Wägbarkeiten und Unwägbarkeiten des Gestaltens*

8 Carlos Spoerhase: *Linie, Fläche, Raum: Die drei Dimensionen des Buches in der Diskussion der Gegenwart und der Moderne (Valéry, Benjamin, Moholy-Nagy)*

9 Klaus Detjen: *Außenwelten. Zur Formensprache von Buchumschlägen*

10 Walter Pamminger: *Konzeptionelles Buchgestalten*

11 Steffen Siegel: *Fotogeschichte aus dem Geist des Fotobuchs*

12 Stanley Morison, Eric Gill und Paul Renner: *Typografen der Moderne, hg. v. Klaus Detjen*

13 Thomas Boyken: Medialität des Erzählens. *Die Wiederentdeckung des Buches im Roman*

in Vorbereitung

14 *Buchgestaltung in Deutschland*, hg. und mit einem Essay zur Buchgestaltung von Silvia Werfel

Sonderband Jost Hochuli: *Tschichold in St. Gallen. Jan Tschicholds Arbeitsbibliothek in der St. Galler Kantonsbibliothek Vadiana / Jan Tschichold's reference library in the Vadiana Cantonal Library St. Gallen*